普通高等学校"新形态"规划教材配套教材

计算机与程序设计基础实验指导

（Python 版）

主　编　朱晴婷

北京邮电大学出版社

·北京·

内 容 简 介

本书是华东师范大学“大学计算机”通识教育课的教材《计算机与程序设计基础(Python版)》的配套实验指导书。本书共分两部分,第一部分配合《计算机与程序设计基础(Python版)》一书,给出12个实验,这些是对应《计算机与程序设计基础(Python版)》相应章节的基础训练,针对程序设计的重点、难点进行阅读、模仿、改错、填空、程序设计等训练;第二部分配合课堂大作业、后继实践课程或学生竞赛的需求,提供了高维数据格式、数据库、操作系统、图形界面、爬虫的简单介绍和程序实现。

在http://python123.io网站上建立了与本书配套的在线自动评阅的习题库,可供教师教学使用。

本书可作为本科院校和高职高专院校的Python程序设计课程教学配套用书,也可供程序设计爱好者自学使用。

图书在版编目(CIP)数据

计算机与程序设计基础实验指导 :Python版 / 朱晴婷主编. -- 北京 :北京邮电大学出版社,2024.(2025重印).

ISBN 978-7-5635-7267-0

Ⅰ. TP311.561

中国国家版本馆CIP数据核字第202400LC57号

策划编辑:张 赞　　**责任编辑**:向 蕾　　**封面设计**:赫 健

出版发行:北京邮电大学出版社
社　　址:北京市海淀区西土城路10号(100876)
电话传真:010-82333010　62282185(发行部)　010-82333009　62283578(传真)
网　　址:www.buptpress3.com
电子信箱:buptpress3@163.com
经　　销:各地新华书店
印　　刷:鸿博睿特(天津)印刷科技有限公司
开　　本:787 mm×1 092 mm　1/16
印　　张:12.25
字　　数:300千字
版　　次:2024年8月第1版
印　　次:2025年8月第2次印刷

ISBN 978-7-5635-7267-0　　定价:39.00元

前　言

程序设计基础是大学计算机基础教学的核心课程，其目标不是培养开发者，而是让学生理解机器的思考方式，培养学生驾驭机器的能力，同时培养学生的程序设计思维，让学生学会求解问题的基本方法。在程序的设计和编写训练中，学生可以逐渐形成分而治之、循序渐进、试错迭代的思维方式，从而更加适应当前互联网时代的需求。党的二十大报告提出"深入实施科教兴国战略、人才强国战略、创新驱动发展战略"。学好程序设计基础，对于掌握计算机核心技术和培养优秀的计算机专业技术人才，以及解决计算机"卡脖子"问题具有十分重要的意义。

本书是华东师范大学"大学计算机"通识教育课的教材《计算机与程序设计基础(Python版)》的配套实验指导书。程序设计是一门典型的实践课程，纸上谈兵无益，只有在编程训练的实践过程中，才能逐步形成编程思维，而至少编写 50 个以上的程序才能达到入门要求。本书提供了丰富的实验范例、综合实例和程序设计习题，编程实践基础部分提供在线自动评阅习题库，大作业实践提供参考代码，由浅入深地帮助学生逐步理解消化，达成学习目标。

本书共分两部分，包含 17 个实验。第一部分是程序设计基础模块，和教材《计算机与程序设计基础(Python 版)》的内容对应，包括熟悉 Python 语言程序开发环境、Python 语言基本语法、函数与模块、简单的 Python 程序、异常、数值数据的计算和典型算法、文本数据的计算和典型算法、元组和列表、集合和字典、模块化的程序设计、文件、面向对象的程序设计。第一部分给出 12 个实验，每一个实验先针对程序设计的重点和难点提供阅读、模仿、改写、思考等练习，然后提供独立的程序设计题。第二部分是拓展模块，提供了 5 个拓展实验，包括高维数据格式、Python 语言的数据库操作、探究操作系统、Python 语言的图形界面编程、数据的爬取和分析。这些内容是针对课程设计拓展训练或者后继的计算机实践课题的需要设计的。

本书由华东师范大学计算机科学教育教学部的一线教师集体编写，参与编写的教师有朱晴婷(实验 1、实验 8、实验 9、实验 10、实验 11)、张凌立(实验 2、实验 3、实验 4)、裘奋华(实验 5、实验 15)、王志萍(实验 6、实验 7)、刁庆霖(实验 12、实验 14、实验 16)、郑凯(实验 13、实验 17)，最后由朱晴婷、张凌立统稿。本书可作为本科院校和高职高专院校的 Python 程序设计课程实验指导教材，并配有在线自动评阅的习题库(http://python123.io)。

本书讲义版在试用期间得到了使用教师的反馈和指正意见，在此表示诚挚感谢。在编写过程中，部分实例应用了华东师范大学计算机科学教育教学部的历年试题素材和在线实训习题，在此一并表示感谢。限于编者水平，本书不足之处在所难免，欢迎读者提出宝贵意见。编者联系邮箱：qtzhu@cc.ecnu.edu.cn。

编　者

目录
CONTENTS

第一部分　程序设计基础模块

第二部分 拓展模块

第一部分

程序设计基础模块

实验 1

熟悉 Python 语言的程序开发环境

学习目标

(1)熟悉 Python IDLE 中 Python 指令的执行方式。

(2)熟悉程序文件的创建和执行操作。

(3)学会阅读程序,了解其功能。

1.1 Python IDLE 集成开发环境

Python IDLE 是 Python 软件包自带的集成开发环境,本书以 Python 3.11.4 版本为例讲述 Python IDLE 的使用方法。在 Windows 操作系统的“开始”菜单中选择 IDLE(Python 3.11 64-bit)命令,打开 IDLE Shell 窗口,如图 1-1 所示。

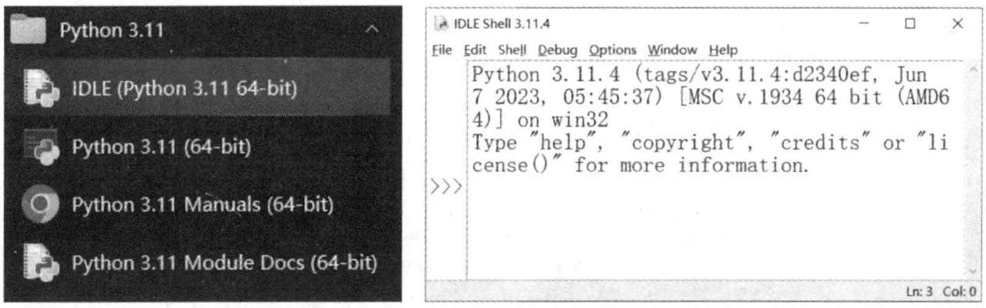

图 1-1 打开 IDLE Shell 窗口

1. 在 IDLE Shell 中执行程序命令

在命令提示符“>>>”后输入 print("Hello Python World"),按回车键后显示输出结果,如图 1-2 所示。

说明如下。

①print()是一个 Python 标准输出函数,函数的功能是打印输出数据。

②“Hello Python World”是字符串。字符串使用单引号、双引号、三单引号或三双引号作为定界符,其中可包含任意字符,包括汉字、英文字母、数字和标点符号等。

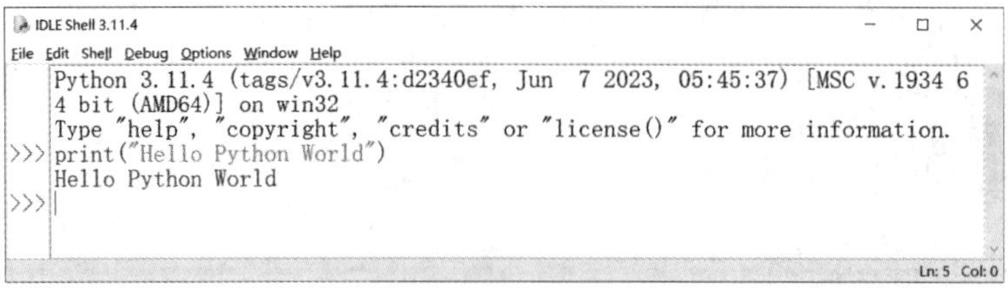

图 1-2　程序命令的执行

③这里的一对圆括号是函数的标志,和函数名(如 print)配合使用,不可缺少。

④圆括号里面的内容是函数的参数。此处是一个字符串,也就是 print()函数输出的内容。

2. 创建程序

按 Ctrl+N 快捷键,或选择 File→New File 命令,打开程序文件的编辑窗口,如图 1-3 所示,即创建了一个新程序文件。

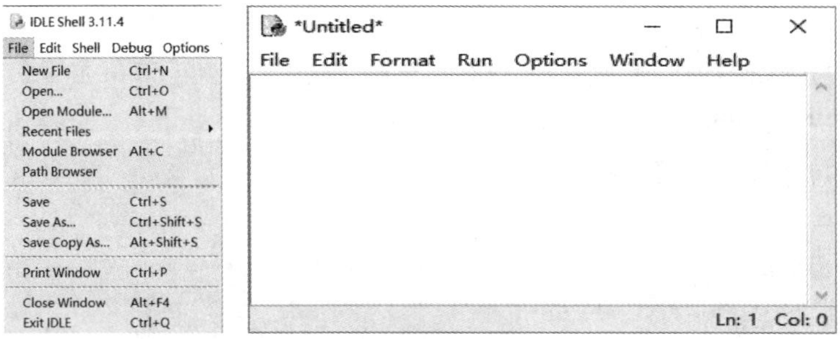

图 1-3　创建程序

3. 编辑程序

Python 程序文件编辑器是一个文本编辑器,在编辑窗口逐条输入程序命令,左边顶格输入,不能加空格。一行一条程序命令,按回车键开始输入另一条程序命令,如图 1-4 所示。Python IDLE 会用不同的颜色显示不同的语法要素,帮助程序员识别一些输入错误。例如,函数名 print 是紫色的,字符串是绿色的,等等。

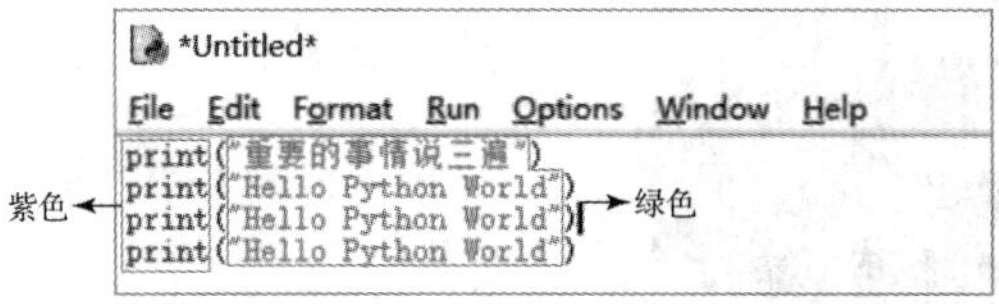

图 1-4　编辑程序

4. 保存程序

Python 程序以.py 文件的形式存储在计算机中,在保存程序文件的时候要注意文件的存储路径。按 Ctrl+S 快捷键,或选择 File→Save 命令(见图 1-5),打开"另存为"对话框,选择好路径,输入文件名,如 FL1-1.py,单击"保存"按钮即可保存程序。直接运行程序也会启动保存操作。

5. 运行程序

按 F5 键,或选择 Run→Run Module 命令(见图 1-6)即可运行程序。

程序的运行结果如图 1-7 所示。

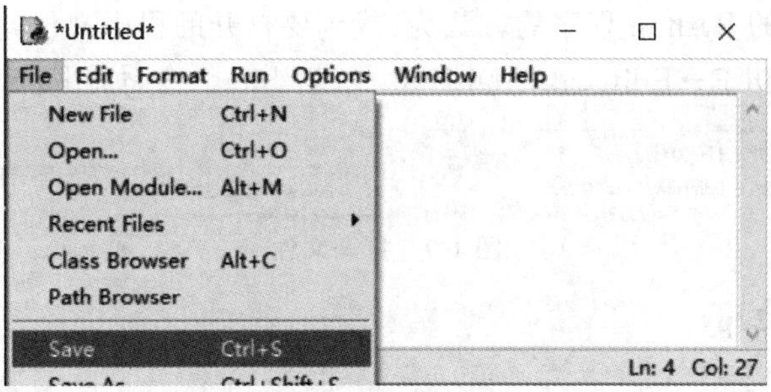

图 1-5 保存程序

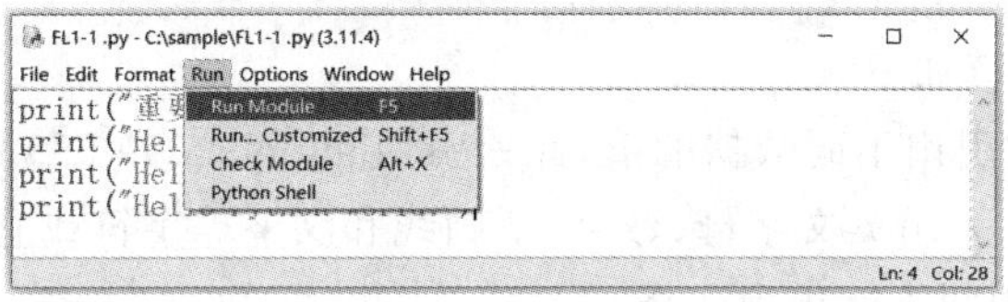

图 1-6 运行程序

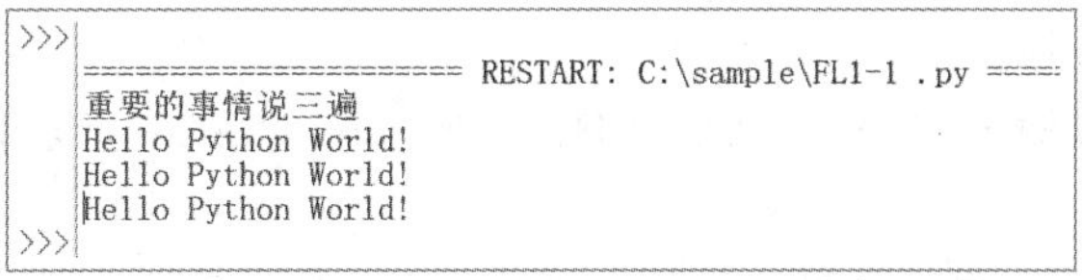

图 1-7 运行结果

6. 错误提示

程序若存在语法错误，在执行运行操作后会出现错误提示。

例如，图 1-8 中的第一条语句中双引号不成对，选择 Run Module 命令时，程序不能运行，会出现错误提示。

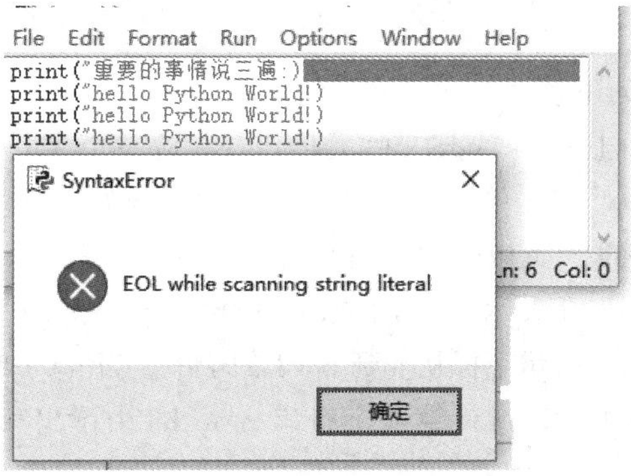

图 1-8 错误提示

编写完程序后，也可以选择 Run→Check Module 命令先检查语法，确认无误后再运行程序。

1.2 认识 Python 程序

阅读程序的方法是在 Python IDLE 环境中打开程序，阅读理解程序语句，然后编译运行程序，观察程序运行的结果，验证自己的理解是否正确。

打开一个已存在的 Python 程序的方法为:找到要打开的程序文件,右击,在弹出的快捷菜单中选择 Edit with IDLE→Edit with IDLE 3.11(64-bit)命令,如图 1-9 所示。

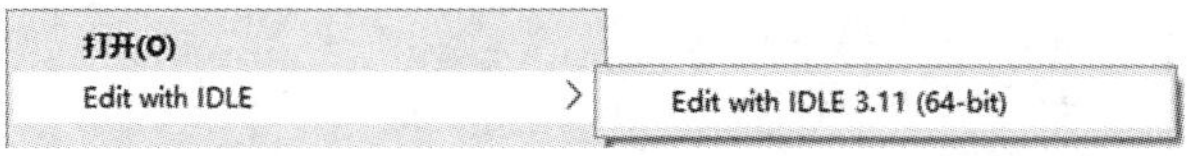

图 1-9　打开文件

1. 阅读程序 FL1-2. py

```
s = 99999 * 99999
print(s)
```

对此程序的简单解读如下。

①s 是一个变量,它引用不同数据的值,此处引用 99 999×99 999 的计算结果。

②Python 语言允许采用英文字母、数字、下画线和汉字等字符或它们的组合给变量命名,但首字母不能是数字,中间不能出现空格。

③Python 语言中,“=”表示赋值运算,左侧变量 s 引用右侧的计算结果,包含赋值运算符“=”的语句称为赋值语句。

④print()函数可以输出字符串,例如,“Hello Python World”,也可以直接输出变量(如 s 作为变量名)的值。

⑤Python 语言中不需要加符号表示语句结束,换行即可表示一条语句的结束。

⑥FL1-2. py 的程序功能是计算 99 999×99 999 并输出结果。

2. 阅读程序 FL1-3. py

```
months = "JanFebMarAprMayJunJulAugSepOctNovDec"
n = 4
monthAbbrev = months[(n - 1) * 3:(n - 1) * 3 + 3]
print(monthAbbrev)
```

对此程序的简单解读如下。

①“JanFebMarAprMayJunJulAugSepOctNovDec” 是一个字符串常量,一对英文双引号是字符串常量的界定符,一对英文单引号也是字符串常量的界定符。

②months 是字符串变量。可以通过[ ]和下标来访问字符串中的一个或连续多个字符。

a. 一个字符:months[i] ,i 表示下标,下标从 0 开始,months[0]表示第一个字符。

b. 多个字符:months[a:b]表示下标从 a 到 b−1 的子串。当 n=1 时,months[0:3]表示'Jan'。

③FL1-3. py 的程序功能是通过计算从字符串 months 中读出第 n 月的月份缩写。

3. 阅读程序 FL1-4. py

```
name = input("姓名:")
gender = input("性别:")
if gender = = "男":
    print("{}先生,您好!".format(name))
else:
    print("{}女士,您好!".format(name))
```

对此程序的简单解读如下。

①input()函数是一个标准输入函数，接收从键盘输入的字符串数据。函数的参数是一个字符串。执行 input()函数，首先会输出字符串，提示用户要输入的数据是什么，然后等待用户从键盘输入数据，按回车键结束。程序开始的两条输入语句分别接收姓名和性别，数据类型为字符串。

②if 语句是一条选择语句，根据条件为真还是为假，进行不同的处理。基本使用方法如下：

```
if <条件>:
    <语句块 1>
else:
    <语句块 2>
```

③"=="是表示等于的关系运算符，判断左右两边是否相等，相等为 True，不相等为 False。注意和赋值运算符"="进行区分。

④Python 语言采用严格的缩进（指每一行代码开始前的空白区域）来表明程序的格式框架，即表示代码之间的层次关系。语句块 1 向右缩进表示该语句为 if 的子句。语句块 2 向右缩进表示该语句为 else 的子句。

⑤FL1-4. py 的程序功能是接收用户输入的姓名和性别，根据性别的不同，选择不同的称呼，输出问候语。

4. 阅读程序 FL1-5. py

```
n = int(input("n = "))
s = 0
for i in range(n + 1):
    s = s + i
print("s = 1 + 2 + … + {} = {}".format(n,s))
```

对此程序的简单解读如下。

①input()函数能够接收一个从键盘输入的字符串，int()函数将输入的字符串转化为整数。第一条语句的功能为从键盘接收一个整数，赋值给变量 n。

②Python 语言通过保留字 for 实现迭代循环，基本使用方法如下：

```
for <循环变量> in <可迭代对象>:
    <语句块>
```

③range(n+1)函数生成一个 0～n 的整数序列，变量 i 遍历取值整数序列 0～n 中的每一个整数，执行 s=s+i，实现将序列中每一个整数累加到 s 的功能。

④print()函数中使用字符串的 format()方法构造了一个格式输出串，每一个{}对应一个 format()方法的参数。此处第一个{}对应 n 的值，第二个{}对应 s 的值。

⑤FL1-5. py 的程序功能是接收输入的一个整数 n，求 1～n 的所有整数的和并输出。

5. 阅读程序 FL1-6. py

```
nums = [12,50,21,56,8,19]
n = len(nums)
s = sum(nums)
average = s/n
print("average = ",average)
```

对此程序的简单解读如下。

①nums 是一个列表变量,其中存储了一组整数。

②len()和 sum()都是内置函数,len()函数是求一个序列的长度,它可以计算列表、字符串等对象的长度;sum()函数是累加和函数,返回所给列表(如 nums)中所有整数的和。

③"/"是除法运算符,执行除法运算。

④FL1-6. py 的程序功能是求得一组整数的平均值并输出。

6. 阅读程序 FL1-7. py

```
from random import random
rnd = random() * 10
print(rnd)
```

对此程序的简单解读如下。

①Python 语言提供了丰富的标准库,来实现常用的功能。random 是一个随机函数库,提供了许多获取随机数的函数。使用扩展库中的函数时,需要使用 import 命令引入,基本用法是:

```
from <库> import <函数>
```

②random()函数是 random 库的一个函数,random()函数可以生成一个 0～1 范围内的随机值。rnd 变量调用 random()函数得到了一个小于 10 的浮点数。

③FL1-7. py 的程序功能是调用标准库函数 random()获取一个 0～10 范围内的浮点数。

7. 阅读程序 FL1-8. py

```
import random
#seed = int(input("seed = "))
#random.seed(seed)
a = random.randint(1,100)
b = random.randint(1,100)
c = a * b
print(a," * ",b," = ",c)
```

对此程序的简单解读如下。

①当要使用库中的多个函数时,可以直接用 import 加库名的格式加载库,调用库中函数时需要用库名做前缀。例如,a=random. randint(1,100)。

②randint()函数可以生成一个指定区间内的随机整数值。例如,random. randint(1,100)可生成一个 1～100 范围内的整数。

③seed()函数用来设置随机数生成器的种子,设置相同的种子,每次运行时生成的随机数是相同的。可以将注释符号"#"删去,观察程序的运行结果,理解 seed()函数的作用。

④FL1-8. py 的程序功能是求随机生成的两个整数的乘积。

1.3 实验内容

能够模仿、改写已有的程序是初学 Python 语言时应具备的一种重要能力,本次实验就是在阅读 1.2 节 7 个 Python 语言微程序的基础上,根据要求改写程序。

1. 按要求改写程序 FL1-1. py

打开程序 FL1-1. py，使用 for 语句改写程序，构建一个循环语句实现输出字符串“Hello Python World”3 遍。程序保存为 sy1-1. py 文件。

2. 按要求改写程序 FL1-2. py

打开程序 FL1-2. py，改写程序实现功能：计算任意两个整数的乘积并输出结果。

①增加变量 a 和 b，表示乘法运算的 2 个操作数，改写乘法的表达式。

②变量 a 和 b 的值由用户输入，为整数。

③程序保存为 sy1-2. py 文件。

3. 按要求改写程序 FL1-3. py

①打开程序 FL1-3. py，改写程序实现功能：输入月份，输出对应的英文缩写。如果输入的值不是 1～12 范围内的数，输出“月份输入错误”。程序保存为 sy1-3. py 文件。

提示：判断 n 是不是 1～12 范围内的数的条件表达式为 1＜＝n＜＝12。

②打开程序 FL1-3. py，改写程序实现功能：输出所有 12 个月的英文缩写。程序保存为 sy1-4. py 文件。

提示：range(m,n)函数会生成 m 到 n－1 的整数序列，表示 n 遍历 1,2,3,…,12 的 for 语句为

```
for n in range(1,13):
    <语句>
```

4. 编写程序，求随机整数的平均值(选做)

实现程序功能：随机生成 10 个 100 以内的整数，输出这些随机整数，再输入一个区间的下限 a 和上限 b(0≤a＜b＜10)，求随机整数列表中从下标 a 到下标 b 之间的所有整数的平均值。假设产生的随机整数列表为[82,96,58,71,95,98,66,41,3,42]，a＝2，b＝4，则求[58,71,95]的平均值，结果为 74.666 666 666 666 67。程序保存为 sy1-5. py 文件。

提示：random 库中 sample(population,k)函数的作用是从一组组合数据 population 中随机选取 k 个元素，以列表类型返回。可以用 range()函数创建 1～100 的序列，再使用 sample()函数从该序列中随机选取 10 个元素。

实验 2

Python 语言的基本语法

学习目标

(1)理解数据类型、常量和变量的概念。

(2)掌握赋值语句的用法。

(3)掌握基本运算,如算术运算、关系运算、逻辑运算等。

(4)了解代码注释的语法和意义。

(5)了解 Python 语言中字符串的表示方法及转义符。

(6)了解如何使用 f-string。

(7)掌握输入输出语句。

2.1 认识 Python 语言的基本语法

1. 关键字

在 Python 语言中,具有特殊功能的标识符称为关键字。关键字也是程序语言的保留字,不能把它们用作任何标识符名称。Python 语言的关键字随版本不同有一些差异,Python 语言的标准库提供了一个 keyword 模块,可以输出当前版本的所有关键字。

```
>>> import keyword
>>> keyword.kwlist
    ['False','None','True','and','as','assert','async','await','break','class','continue',
    'def','del','elif','else','except','finally','for','from','global','if','import','in',
    'is','lambda','nonlocal','not','or','pass','raise','return','try','while','with','yield']
```

2. 对象和数据类型

Python 语言的数据类型用类(class)定义,类的一个实例称为对象。例如,123 是 int 类的对象,可以称为整型对象,也称整数。

1)常量和变量

数据是计算机处理的对象,在计算机中存储和处理数据是区分数据类型的,不同的数据类型的表示方式和运算机制都是不同的。在 Python 语言中，基本数据类型的对象都按接近人的习惯设计了不同的书写形式，称为常量，也称字面常量，例如，42、3.14、'a'、'abracadabra'、True、2＋5j、(2024,10,1)。可以从数据的书写形式直接判断出它的数据类型。常量体现了数据的“值”(value)的一面。

值是有类型的，Python 语言提供了一个函数 type()，可以返回数据的类型如下：

```
>>>type(1)
      <class 'int'>
>>>type(1.0)
      <class 'float'>
>>>type(2 + 5j)
      <class 'complex'>
>>>type(True)
      <class 'bool'>
>>>type("Python")
      <class 'str'>
>>>type([1,2,3,4,5])
      <class 'list'>
>>>type((1,2,3,4,5))
      <class 'tuple'>
>>>type({1,2,2,3,4})
      <class 'set'>
>>>type({"a":94,"c":96,"A":65,"C":67})
      <class 'dict'>
```

有了值就可以进行计算，但是还写不出真正的程序，因为程序写出来是希望能被很多用户(user)反复使用的。每次使用，用户输入一些数据，程序进行处理，然后给出用户想要的结果。每次输入的数据可能是同一类型，但具体的值是多少，在写程序时是不知道的，所以需要用变量代替值写在程序中，在程序运行时变量根据用户的输入变成实际的“值”进行处理。

变量使得一个程序可以处理一类值，而不管具体值是多少。在学习代数的时候，使用等式 $a+b=b+a$ 就表达了加法交换律这样高度抽象的普适规律，而不用管 a 和 b 到底是多少，程序里的变量也一样，其作用是进行“数据的抽象”，这个概念很重要。所有编程语言都支持值和变量，也支持把特定的值赋予某个变量，这样的操作称为“赋值(assignment)”，下面是一些例子：

```
>>>a = 12
>>>b = 30
>>>f = 3.14
>>>s = 'abracadabra'
>>>l = [1,2,3]
>>>t = True
>>>f = False
```

赋值之后变量就具有了对应的值，同时也具有了该值对应的类型和对象 ID，所以变量一经赋值就有了类型和对象 ID，示例如下：

```
>>>s
    'abracadabra'
>>>id(s)
    1595008942832
>>>type(s)
    <class 'str'>
```

2)可变对象和不可变对象

Python 3.0 系列的对象可以分为不可变对象(immutable)和可变对象(mutable)。不可变对象,一旦创建其值就不能被改变;可变对象的值可以被修改。Python 语言的大部分对象都是不可变对象,如 int、float、str、tuple 等。变量是指向某个对象的引用,多个变量可以指向同一个对象,给变量重新赋值,并不改变原始对象的值,只是创建一个新对象,该变量指向新的对象。

```
>>> s = "Python"
>>> s[0] = 'p'            #不能局部改变字符串的字符
    Traceback (most recent call last):
      File "<pyshell#5>",line 1,in <module>
        s[0] = 'p'
    TypeError: 'str' object does not support item assignment
>>> s = "python"          #要改变字符串的字符,只能重新赋值,引用新的字符串对象
>>> s
    'python'
>>> L = list("Python")          #使用构造函数 list 将字符串转化为列表
>>> L
    ['P','y','t','h','o','n']
>>> L[0] = 'p'            #列表是可变对象,可以局部改变列表中的元素
>>> L
    ['p','y','t','h','o','n']
```

3. 运算符与表达式

Python 语言提供了丰富的运算符,如算术运算符、关系运算符、逻辑运算符等。

表达式是用数据对象和运算符按照一定的规则写出来的式子,用来描述计算过程。与上述运算符对应,表达式可以分为算术表达式、关系表达式、逻辑表达式等。

1)算术运算符

算术运算符就是表示加、减、乘、除之类运算的运算符,专门针对整数和小数。

```
>>> a = 6
>>> b = 30
>>> f = 3.14
>>> g = 0.7
>>> a + b
    36
>>> a - b
    -24
```

```
>>> b / a
    5.0
>>> #除法,int/int=>float
>>> #整除,int//int=>int
>>> b // a
    5
>>> #整除,float//float=>float
>>> f // g
    4.0
>>> #幂运算
>>> a**2
    36
>>> #混合运算
>>> # int*float  =>float
>>> a * g
    4.199999999999999
>>> #幂可以是小数,下面的例子相当于求根号 2
>>> a ** 0.5
    2.449489742783178
```

2)关系运算符

关系运算符是用于比较大小的一组运算符,包括>、<、>=、<=、==、!=,分别表示大于、小于、大于或等于、小于或等于、等于和不等于的含义。这几个运算符用于比较它左右的数据的大小关系,如果符合运算符的含义就返回布尔值真(True),否则返回布尔值假(False)。在 Python 语言里这些运算符不仅可以用于数字间的比较,还可以用于其他类型数据间的比较。

```
>>> a < b
    True
>>> a >= a
    True
>>> a <= f
    False
>>> a + b == 36
    True
>>> a + b != 36
    False
>>> 'aaa' < 'aab'
    True
>>> a * g == 4.2
    False
```

注意:最后一条语句中,a 的值是 6,而 g 的值是 0.7,两者的乘积是 4.2,但返回值是 False,因为 Python 语言计算出来的结果并不是 4.2,这称为浮点误差,代码如下:

```
>>> a * g
    4.199999999999999
```

拓展:浮点误差

目前使用的计算机叫“电子计算机”,用电平的高低表示数,高电平用 1 表示,低电平用 0 表示,只有这两种状态,也就是说计算机只能识别 0 和 1。要用 0 和 1 表示各种数字,就要采用二进制计数法。

二进制计数法对于整数来说没什么问题,每一个十进制整数都对应一个唯一的二进制数,但绝大部分十进制小数是没法用有限位数表示为二进制小数的,这决定了在计算机里小数是以一种“近似值”的方式表示的,0.7 在计算机里是个近似等于 0.7 的二进制小数,这个小数乘以 6 的结果也是有微小的误差的,转换回十进制小数输出结果时,就会出现上面那样的奇怪现象。

那么怎么解决这个问题呢?分为两种情况:

如果需要绝对精确的结果,就不要用小数,只用整数进行运算,然后再计算小数点的位置,绝大部分计算器就是这么做的。

如果不需要绝对精确的结果,那么只要使结果的误差足够小就可以了,这时候可以用浮点数进行运算,但比较时不要直接比较结果是不是相等(==),而是用误差范围来比较,具体示例如下:

```
>>>s = 4.2     # 这是预期结果
>>>r = 0.001    # 这是可容忍误差
>>># 如果 (a * g-s) 的绝对值比 r 小,就算结果合格
>>>abs(a * g-s) < r
    True
```

3)逻辑运算符

逻辑运算符是用来进行布尔值运算的运算符,其运算结果也是布尔值。布尔值是逻辑上的真和假,而逻辑运算符就对应了逻辑代数(也称布尔代数)里的各种运算。

基本的逻辑运算就 3 个:and、or、not,即与、或、否。

①两个布尔值如果都是“真”,“与”运算结果也为“真”,其他情况下运算结果都为“假”。

②两个布尔值中只要有一个是“真”,“或”运算结果就为“真”,如果两个值都为“假”,那么“或”运算结果为“假”。

③布尔值“真”的“否”运算结果为“假”,布尔值“假”的“否”运算结果为“真”。

通过这 3 个运算符可以进行复杂的逻辑运算,具体示例如下:

```
>>> t = True
>>> f = False
>>> t and f
    False
>>> t or f
    True
```

```
>>> not t
    False
>>> t and (not f)
    True
>>> (not t) or f
    False
```

4. 赋值语句

Python 语言的赋值语句通过赋值运算符"＝"来实现，用赋值运算符将右边的数据对象与左边的变量名建立引用关系，一般使用方法如下所示，在具体使用时，每对尖括号中的内容都要替换为具体的内容：

＜变量＞＝＜表达式＞

Python 语言还支持连续赋值、同步赋值和复合赋值。

1)连续赋值语句

将变量 x、y、z 初始化为 0 的程序如下：

```
>>> x = y = z = 0
>>> x,y,z
    (0,0,0)
```

2)同步赋值语句

输入两个整数，并交换两数的位置，具体程序如下：

```
>>> x,y = int(input()),int(input())
   35
   27
>>> x,y
   (35,27)
>>> x,y = y,x
>>> x,y
   (27,35)
```

3)复合赋值语句

示例如下：

```
>>> i = 1
>>> i = i + 1
>>> i
    2
>>> i + = 1
>>> i
    3
```

类似的还有－＝、＊＝、/＝、%＝、＊＊＝、//＝这一组赋值运算符的扩展，使用方法与＋＝相同。

5. 字符串

1)字符串常量

Python 语言中字符串常量(string literal)可以用单引号、双引号、三单引号或三双引号来作为定界符,主要区别如下:

①一对单引号里面可以包含双引号字符;

②一对双引号里面可以包含单引号字符;

③一对三单(双)引号里面可以包含多行文字。

示例如下:

```
>>>'用单引号括起来的字符串里不能直接包含单引号,但可以有"双引号"'
    '用单引号括起来的字符串里不能直接包含单引号,但可以有"双引号"'
>>>"用双引号括起来的字符串里不能直接包含双引号,但可以有'单引号'"
    "用双引号括起来的字符串里不能直接包含双引号,但可以有'单引号'"
>>>"中文的引号其实是另外的字符,总是可以包含的“”‘’"
    '中文的引号其实是另外的字符,总是可以包含的“”‘’'
>>>'''三个单引号或者双引号可以包含多行文字
    就像这样'''
    '三个单引号或者双引号可以包含多行文字\n就像这样'
```

转义字符 \n 代表一个特殊字符,也就是 ASCII 码里的换行符(linefeed,LF)。

```
>>>print('其实多行文字并没有什么特别\n像这样插入一个换行字符也能实现')
    其实多行文字并没有什么特别
    像这样插入一个换行字符也能实现
```

2)组装字符串:f-string

若程序中需要构造一个字符串,其中包含一些文字、程序计算的结果和转义字符,还需要为计算结果设置显示格式,就要进行格式化字符串操作。比如计算一个题目,最后输出一句话,通常想写成这样:

计算完毕,获胜概率为 $x\%$,败北概率为 $y\%$,平局概率为 $(100-x-y)\%$。

当然也可以用原始的拼接方法,比如:

```
>>> x = 62
>>> y = 29
>>> print ('计算完毕,获胜概率为 ' + str(x) + '%,败北概率为 ' + str(y) +
        '%,平局概率为 ' + str(100 - x - y) + '%。')
    计算完毕,获胜概率为 62%,败北概率为 29%,平局概率为 9%。
```

这样的代码既烦琐又难以维护,所以很多编程语言都提供了“格式化字符串”的方案,在 Python 语言中提供了 f-string,格式就是在字符串前面加一个小写的 f :

```
>>> print(f'计算完毕,获胜概率为 {x}%,败北概率为 {y}%,平局概率为 {100 - x - y}%。')
```

如果计算的结果是浮点数,还可以设置浮点数的格式,{:.2f}用于将浮点数格式化为保留两位小数的浮点数。

```
>>> x = 61.196
>>> y = 28.511
>>> print(f'计算完毕,获胜概率为 {x:.2f}%,败北概率为 {y:.2f}%,\
    平局概率为 {100 - x - y:.2f}%。')
    计算完毕,获胜概率为 61.20%,败北概率为 28.51%,平局概率为 10.29%。
```

3)字符串运算

```
>>> hello = 'hello'
>>> world = "world"
>>> #可以用操作符 + 来串接字符串
>>> hw = hello + ' ' + world + '! '
>>> print(hw)
    hello world!
>>> #可以用操作符 * 来赋值字符串
>>> hc = hello * 3
>>> print(hc)
    hellohellohello
```

6. 输入与输出

1)输入语句

```
>>> s = input("请输入:")                        #输入字符串
    请输入:I like Python!
>>> s
    'I like Python! '
>>> n = int(input("请输入一个整数:"))           #输入整数,需要转换数据类型
    请输入一个整数:100
>>> n
    100
>>> x = float(input("请输入一个浮点数:"))       #输入浮点数,需要转换数据类型
    请输入一个浮点数:100
>>> x
    100.0
```

2)输出语句

```
>>> print("Hello,Python!")                    #输出一个字符串
    Hello,Python!
>>> x,y = 10,20
>>> print(x)                                  #输出一个变量
    10
>>> print(x + y)                              #输出一个表达式的结果
    30
>>> print("x = ",x,",y = ",y)                 #输出多个数据,每个数据之间以空格分隔
    x = 10 ,y = 20
>>> print("x + y = ",x + y)
    x + y = 30
>>> x,y = 74.5,13.8
>>> print("{}/{} = {}".format(x,y,x/y))       # format 格式化输出
    74.5/13.8 = 5.398 550 724 637 681
```

```
>>> print("{:.2f}/{:.2f} = {:.2f}".format(x,y,x/y))
    74.50/13.80 = 5.40
>>> print(f"{x:.2f}/{y:.2f} = {x/y:.2f}")    # f-string 格式化输出
    74.50/13.80 = 5.40
```

2.2 实验内容

1. 识别数据类型

输入以下表达式并查看结果。

①23+3;②23>3;③'23'+'3';④23/3;⑤23//3;⑥23%3;⑦23**3。

问题:

①以上表达式中结果为整数类型的有哪些?

②以上表达式中结果为浮点数类型的有哪些?

③以上表达式中结果为字符串类型的有哪些?

2. 运算和表达式

执行完下面的语句后,变量 a~k 的值分别是什么?

```
a = 5
b = 2
a* =b
b+ =a
a,b = b,a
c = 6
d= c%2 + (c + 1) %2
e =2.5
f = 3.5
g = (a + b) %3 + int(f)//int(e)
h = float(a + b) %3 + int(f)//int(e)
i = (a + b)/3 + f %e
j = a<b and c<d
k = not j and True
```

3. 条件表达式

假设执行了如下语句:

```
x = 384
a,b = 2.56769,2.56789
```

写出下面的条件判断语句,并测试结果。

①判断 x 是不是奇数。

②判断 x 是否能被 3 和 5 整除。

③判断 x 是否能被 3 或 5 整除。

④判断 b 与 a 的差值是否超过 0.000 1。

4. 计算 BMI 值

请在 IDLE Shell 中尝试编写有关体重指数(BMI)计算的程序语句,分别实现以下功能:

①输入身高,变量名为 height,单位为 cm(要求有适当的提示文字)。

②输入体重,变量名为 weight,单位为 kg(要求有适当的提示文字)。

③计算 BMI 值。BMI 值为体重与身高的平方的比值,单位为 kg/m^2。

④输出 BMI 值,要求格式为"你的 BMI 值为 XX.X",保留一位小数。

将以上编写并测试通过的程序语句整理到文件 sy2-1.py 中,在程序的开始部分加上多行注释,说明程序的功能、作者和完成日期。将前面 4 个要求的文字以单行注释的形式加在程序的对应位置上。

实验3

函数和模块

学习目标

(1)掌握 Python 语言内置函数的使用。
(2)掌握 Python 语言标准模块的引入。
(3)掌握 math 库中常用的数学函数的使用。
(4)理解函数的定义和调用。

3.1 认识函数和模块

1. 内置函数

1)数值函数

```
>>> x = float(input("请输入一个浮点数:"))
    请输入一个浮点数:-27.49
>>> x = abs(x)
>>> x
    27.49
>>> y = pow(x,3)
>>> y
    20774.195748999995
>>> z = round(y,3)
>>> z
    20774.196
>>> n = int(y)
>>> n
    20774
```

2)序列操作函数

```
>>> s = "I like Python!"
>>> len(s)
    14
>>> L = [34,67,83,72,910]
>>> max(L),min(L)
    (910,34)
>>> sum(L)/len(L)
    233.2
```

2. 标准函数

1)math 库

math 库是标准库,包含了 45 个常用的数学函数和 5 个数学常量,具体示例如下:

```
>>> from math import sqrt                #导入函数 sqrt()
>>> y = 20774.195748999995
>>> sqrt(y)                              #求 y 的平方根
    144.13256311118593
>>> import math                          #导入模块 math
>>> math.pi                              #圆周率 π
    3.141592653589793
>>> math.factorial(10)                   #求阶乘
    3628800
>>> math.gcd(36,8)                       #求公约数
    4
>>> math.trunc(129.98)                   #截尾求整
    129
```

2)random 库

random 库是标准库,其中常用的函数示例如下:

```
>>> import random
>>> random.random()                 #获取一个小于 1 的随机小数
    0.7275989375393065
>>> random.randint(100,200)         #获取[a,b]区间上的整数
    104
>>> random.randrange(1,99,3)        #获取从 a 到 b-1、步长为 c 的序列中的随机一个整数
    79
>>> random.uniform(100,200)         #获取[a,b]区间上的随机浮点数
    181.7045705339964
>>> L = [45,78,25,92,63,31,37]
>>> random.choice(L)                #随机从列表 L 中选取一个数
    78
>>> random.shuffle(L)               #将列表 L 随机排列后返回列表 L
>>> L
    [78,31,63,25,37,92,45]
```

```
>>> random.sample(L,3)                #从列表 L 中随机取 3 个值返回
    [92,31,37]
```

3. 用户自定义函数

1)定义函数

```
>>>#定义一个无参数无返回值的函数
>>> def hello():
        print("hello !")

>>>#定义一个有参数无返回值的函数
>>> def helloSomeone(sname):
        print(f"hello {sname}!")

>>>#定义一个有参数有返回值的函数
>>> import math
>>> def circleArea(r):
        return math.pi * r * r
```

2)调用函数

```
>>> #调用 hello()函数
>>> hello()
    hello !

>>>#调用 helloSomeone()函数
>>> name = input("input your name:")
    input your name:wang
>>> helloSomeone(name)
    hello wang!

>>>#调用 circleArea()函数
>>> radius = float(input("radius = "))
    radius = 3.5
>>> area = circleArea(radius)
>>> print(f"area = {area:.4f}")
    area = 38.4845
```

3.2 实验内容

1. 使用 math 库的数学函数

导入 math 库,然后输入以下表达式并运行,理解 math 库中的函数的使用,注意表达式的值的数据类型。

```
math.sqrt(22 + 33)
math.log10(100)
```

```
math.exp(2)
math.fmod(4,3)
math.sin(2 * math.pi)
math.gcd(12,9)
```

2. 使用 random 库的随机函数

编写语句分别实现以下功能：

①生成 50 以内的 6 个随机整数。

②随机生成 100～200 范围内的一个偶数。

③从字符串“1234567890ABCDEF”中任意选取 4 个字符。

④从候选软件名列表["Python IDLE","Anaconda","PyCharm","VS code"]中随机选取一个软件名。

3. 自定义求矩形面积的函数

定义一个函数 getArea(length,width)，计算长为 length、宽为 width 的矩形的面积。试着用不同的方式调用 getArea()函数，验证函数的正确性。程序保存为 sy3-1. py 文件。

4. 计算跑道长度

假定给出飞机的加速度大小 a 和起飞速度大小 v，可以根据以下公式计算出飞机起飞所需要的跑道长度 l：

$$l=\frac{v^2}{2a}$$

①定义一个函数 calength(v,a)，计算起飞速度大小为 v，加速度大小为 a 的飞机起飞所需要的跑道长度。

②主程序提示用户输入以 m/s 为单位的 v 和以 m/s^2 为单位的 a，然后调用 calength(v,a)计算并显示最短的“跑道长度(单位：m)”。要求输入输出都有提示文字，跑道长度保留两位小数。程序保存为 sy3-2. py 文件。

运行示例如下：

```
请输入起飞速度(米每秒):85
请输入加速度(米每二次方秒):2
最短的跑道长度为 1 806.25 米
```

5. 计算 BMI

BMI 是以 kg 为单位的体重与以 m 为单位的身高的平方的比值。编写一个程序，提示用户输入以 b(磅)为单位的体重，和以 ft(英尺)为单位的身高，然后输出 BMI 的值。要求输入输出都有提示文字，BMI 保留一位小数。程序保存为 sy3-3. py 文件。

提示：1 b＝0. 453 592 37 kg，1 in[①]＝0. 025 4 m，1 ft＝12 in。

运行示例如下：

```
请输入体重(b):120.5
请输入身高(ft):5.3
BMI = 20.9
```

① 英寸。

实验 4

简单的 Python 程序

学习目标

(1)理解三种基本的控制结构。

(2)掌握简单的输入-处理-输出(input-process-output,IPO)程序编写方法。

(3)理解选择结构的执行方式,并能编写简单的选择结构的语句。

(4)理解循环结构的执行方式,并能编写简单的循环结构的语句。

4.1 认识三种基本控制结构

BMI 指数,即体重指数(body mass index,BMI),是反映体内脂肪总量的指标,BMI 指数的计算方法如下:

$$体重指数(BMI)=体重÷身高^2$$

其中,体重的单位为 kg,身高的单位为 m。

BMI 指数可用于评价身体状况,指标等级分为四类:

轻体重:BMI<18.5。

健康体重:18.5≤BMI<24。

超重:24≤BMI<28。

肥胖:28≤BMI。

该指标考虑了体重和身高两个因素,比单一的按体重衡量人体的胖瘦程度及是否健康更加客观准确。例如,一个人的身高为 1.75 m,体重为 70 kg,则这个人的 BMI=70/(1.75×1.75)=22.86,可知 BMI 指标等级为健康体重。最理想的 BMI 值是 22。

本节将讨论有关 BMI 的三个子任务:计算 BMI 值、判断 BMI 指标等级、打印 BMI 对照表,从 BMI 实例开始,学习 Python 语言程序的编写,了解 IPO 程序的编写方法,体验程序设计的一般过程。

1. 计算 BMI 值(顺序结构)

编写程序,根据体重和身高计算 BMI 值。该问题的 IPO 描述如下。

输入:身高和体重。

处理:计算 BMI=体重÷身高^2。

输出:BMI 值。

1)分析问题

①明确问题:将已获取的身高、体重数据输入计算机,求解 BMI 值。

②解决方法:获取一个人的身高和体重,通过 BMI 计算公式计算得到 BMI 值。

③数据描述:已知数据为身高 height 和体重 weight;求解数据为 BMI。

2)设计算法

本例是一个典型的 IPO 问题,分为三步,按顺序执行每一个步骤。这是一个顺序结构的算法,步骤自上而下,依次执行。

```
算法描述
1 输入身高 height 和体重 weight
2 计算 BMI = weight / height²
3 输出 BMI
```

3)编写程序(FL4-1.py)

根据算法,逐条用 Python 语言实现,程序的前两行是输入,第三行进行数值运算,最后一行对 BMI 的计算结果 value 进行输出。

```python
height = float(input("请输入你的身高(m):"))
weight = float(input("请输入你的体重(kg):"))
value = weight / pow(height,2)
print("你的 BMI 指数为{:.2f}".format(value))
```

程序的语句是一条条按顺序执行下来的,在上一条语句没有执行完成的情况下,不会执行接下来的语句。这就是程序基本控制结构中的顺序结构。

input()函数的作用是从控制台接收用户输入,接收的是一个字符串数据。float()函数的作用是将接收的字符串转化为浮点数。通过赋值语句,将数据对象赋值给变量 height 和 weight。input()函数中的字符串是输入时的提示文字,提示用户需要输入的数据内容。

第三条语句的右边是一个算术表达式,它通过变量 weight 和 height 计算出 BMI 指数,再赋值给左边的变量 value。pow(x,n)函数是一个数学函数,用来计算 x 的 n 次方,例如,pow(height,2)用来计算身高 height 的平方。

print()函数输出最后的结果。此例中使用字符串的 format()方法构造了一个格式字符串。格式字符串中使用槽格式和 format()方法把变量 value 和字符串结合到一起。待输出的内容就是模板,通过一对花括号{ }进行占位,该占位部分对应变量 value 的值。花括号中的内容是变量 value 输出的具体格式,如{:.2f}表示保留两位小数。

4)调试运行

程序运行时,用户输入身高和体重的值,输出计算得到的 BMI 值。

运行示例一:

```
>>>请输入你的身高(m):1.65
   请输入你的体重(kg):52.5
   你的 BMI 指数为 19.28
```

运行示例二：

```
>>>请输入你的身高(m):1.71
   请输入你的体重(kg):78
   你的 BMI 指数为 26.67
```

请思考，在哪些情况下，程序会运行出错？

以下提示可供读者参考：

①输入一些非数值型的数据，例如，字符串。

②输入一些特殊的数据，例如，身高为 0。

③输入很大的数据，例如，100 万、1000 万、1 亿、10 亿……

④不输入数据，直接按回车键。

现阶段似乎还不能解决部分输入数据和数据类型不符的问题，但是随着学习的深入，我们就会掌握足够的知识去处理这些异常。

2. 判断 BMI 指标等级(选择结构)

编写程序，根据体重和身高来判断 BMI 指标等级。该问题的 IPO 描述如下。

输入：身高和体重。

处理：①计算 BMI＝体重÷身高^2。

②根据计算得到的 BMI 值判断 BMI 指标等级。

输出：BMI 指标等级。

1)分析问题

①明确问题：用户输入身高、体重后，告知用户其 BMI 指标等级。

②解决方法：获取一个人的身高和体重，先通过 BMI 计算公式计算得到 BMI 值，然后对 BMI 值进行 BMI 指标等级判断。

③数据描述：已知数据包括身高 height 和体重 weight；求解数据包括 BMI 值、BMI 指标等级。

2)设计算法

“计算 BMI 值”的程序已经能够根据身高和体重计算出 BMI 值，此处只需要继续实现分支判断即可。

```
算法描述
1 输入身高 height
2 输入体重 weight
3 计算 BMI = weight / height²
4 如果 BMI<18.5,则等级 = 轻体重
  如果 18.5≤BMI<24,则等级 = 健康体重
  如果 24≤BMI<28,则等级 = 超重
  如果 BMI≥28,则等级 = 肥胖
5 输出 BMI 指标等级
```

3)编写程序

①使用 if 语句判断 BMI 指标等级。

判断 BMI 指标等级，实际上就是判断变量 value 的数值落入了哪一个区间。本任务中共四个区间，分别为轻体重、健康体重、超重和肥胖。最容易想到的方法是使用四个 if 语句进行判断。

【**例 4-1**】使用 if 语句判断 BMI 指标等级(FL4-2-1.py)。

```
height = float(input("请输入你的身高(m):"))
weight = float(input("请输入你的体重(kg):"))
value = weight / pow(height,2)
if value < 18.5:
    print("轻体重")
if 18.5 <= value < 24:
    print("健康体重")
if 24 <= value < 28:
    print("超重")
if 28 <= value:
    print("肥胖")
```

在例 4-1 中,共有四条 if 语句,分别判断 value 的值是不是符合轻体重、健康体重、超重和肥胖的标准,如果 value 的值满足了某一个 if 语句中的条件,那么就执行该 if 语句内同一缩进层次下的所有代码。

可以看到,四条 if 语句对 value 的判断囊括了整个有理数集,一般情况下,给定任意数值,程序都会有输出。

Python 语言与 C++/Java 语言不同,允许使用类似于 18.5 <=value < 24 的表达式语句,它等价于 18.5 <=value and value < 24。但是可以发现,写四个 if 语句的效率不高,对于每个 if 语句中的条件它都会判断一次,尽管 BMI 指数的数值已经落入了之前的区间,并且这个数值不会再落入之后的区间。

②使用 if-elif-else 语句判断指标等级。

使用 if-elif-else 语句则不会做这么多无用的操作,在满足了一个条件之后,执行该条件下的语句块,然后跳出该选择结构;如果都不满足,则执行 else 分支下的语句块。例 4-2 使用 if-elif-else 语句改写了原程序。请读者对照例 4-1 与例 4-2,比较仅使用 if 语句和使用 if-elif-else 语句的差别。

【**例 4-2**】使用 if-elif-else 语句改写原程序(FL4-2-2.py)。

```
height = float(input("请输入你的身高(m):"))
weight = float(input("请输入你的体重(kg):"))
value = weight / pow(height,2)
if value < 18.5:
    print("轻体重")
elif 18.5 <= value < 24:
    print("健康体重")
elif 24 <= value < 28:
    print("超重")
else:
    print("肥胖")
```

通过 if-elif-else 语句,程序按顺序依次判断每个分支的条件。一旦条件匹配成功,则进入相应分支执行分支语句,然后继续执行 if-elif-else 语句后面的语句,之后的分支条件表达式将不再进行运算,这样做可以提升程序运行的效率。

③改进程序。

先给出例 4-3 的程序,观察改动部分,并尝试根据 if-elif-else 的特性,指出这样做的原因。

【例 4-3】 改进了例 4-2 条件表达式之后的程序(FL4-2-3. py)。

```
height = float(input("请输入你的身高(m):"))
weight = float(input("请输入你的体重(kg):"))
value = weight / pow(height,2)
if value < 18.5:
    print("轻体重")
elif value < 24:
    print("健康体重")
elif value < 28:
    print("超重")
else:
    print("肥胖")
```

通过对比例 4-2 与例 4-3 可以发现,在例 4-3 中两个 elif 条件判断中的表达式简洁了一些。这样改写的原因如下。

多分支结构依次评估条件 1、条件 2……直到找到第一个结果为 True 的条件。以 BMI 问题来举例:在进行第一个分支(value<18.5)判断的时候,如果不满足第一个分支条件,那么在进行接下来的分支选择时,就已经默认了 value 是大于等于 18.5 的。所以,在第二个分支入口处判断 18.5 <=value 实际上是没有意义的,这只会增加程序运行的开销。对于第三个分支(24 <=value < 28)也是相同的原理。

4)调试运行

程序编写完成,并消除了语法错误,程序可以运行,并不代表程序是正确的,还要通过测试来检查程序的正确性,需要设计测试用例来检查程序的运行是否达到预期的设计目标。

测试用例(test case)是为某个特殊目标而编制的一组测试输入、执行条件以及预期结果,以便测试某个程序路径或核实程序是否满足某个特定需求。

本问题的程序中包含多分支语句,在对多分支语句的测试用例的设计中,最起码要包含所有的分支和节点值。在本问题中,多分支语句的测试要测试四个分支和三个节点值。测试用例设计如表 4-1 所示。前四个测试用例测试进入分支是否正确,后三个测试用例测试节点值进入分支是否正确。

表 4-1　测试用例设计

序号	测试目标	测试用例	BMI 值	BMI 指标等级
1	value < 18.5	height=1.58, weight=44.9	17.99	轻体重
2	value < 24	height=1.71, weight=62	21.20	健康体重
3	value < 28	height=1.73, weight=75	25.06	超重
4	value >=28	height=1.61, weight=74.3	28.66	肥胖
5	value==18.5	height=1.75, weight=56.66	18.50	健康体重

续表

序号	测试目标	测试用例	BMI 值	BMI 指标等级
6	value==24	height=1.65,weight=65.35	24.00	超重
7	value==28	height=1.64,weight=75.33	28.00	肥胖

3. 打印 BMI 对照表(循环结构)

编写程序打印 BMI 对照表。该问题的 IPO 描述如下。

输入:无。

处理:从 1.5 m、50 kg 开始,到 1.9 m、90 kg 终止,分别以 0.1 m、10 kg 为步长计算 BMI 值。

输出:BMI 对照表。

1)分析问题

①明确问题。

从食堂里的菜价表,到计算机还未普及时用到的对数表,现实世界里,我们可以看到各种各样的表格。查表是一种效率很高的获取信息方式,假设用户既没有计算机程序,又不懂得如何计算 BMI 值,那么可以为用户提供一张 BMI 表,用户可以根据这张表来估计自己的 BMI 值。

图 4-1 所示为一张 BMI 对照表,纵向表头为身高,其步长为 0.03 m;横向表头为体重,步长为3 kg。步长越小,用户通过查表得到的 BMI 指数就越精确。

身高/m	体重/kg																				
	40	43	46	49	52	55	58	61	64	67	70	73	76	79	82	85	88	91	94	97	100
1.45	19.0	20.5	21.9	23.3	24.7	26.2	27.6	29.0	30.4	31.9	33.3	34.7	36.1	37.6	39.0	40.4	41.9	43.3	44.7	46.1	47.6
1.48	18.3	19.6	21.0	22.4	23.7	25.1	26.5	27.8	29.2	30.6	32.0	33.3	34.7	36.1	37.4	38.8	40.2	41.5	42.9	44.3	45.7
1.51	17.5	18.9	20.2	21.5	22.8	24.1	25.4	26.8	28.1	29.4	30.7	32.0	33.3	34.6	36.0	37.3	38.6	39.9	41.2	42.5	43.9
1.54	16.9	18.1	19.4	20.7	21.9	23.2	24.5	25.7	27.0	28.3	29.5	30.8	32.0	33.3	34.6	35.8	37.1	38.4	39.6	40.9	42.2
1.57	16.2	17.4	18.7	19.9	21.1	22.3	23.5	24.7	26.0	27.2	28.4	29.6	30.8	32.0	33.3	34.5	35.7	36.9	38.1	39.4	40.6
1.60	15.6	16.8	18.0	19.1	20.3	21.5	22.7	23.8	25.0	26.2	27.3	28.5	29.7	30.9	32.0	33.2	34.4	35.5	36.7	37.9	39.1
1.63	15.1	16.2	17.3	18.4	19.6	20.7	21.8	23.0	24.1	25.2	26.3	27.5	28.6	29.7	30.9	32.0	33.1	34.3	35.4	36.5	37.6
1.66	14.5	15.6	16.7	17.8	18.9	20.0	21.0	22.1	23.2	24.3	25.4	26.5	27.6	28.7	29.8	30.8	31.9	33.0	34.1	35.2	36.3
1.69	14.0	15.1	16.1	17.2	18.2	19.3	20.3	21.4	22.4	23.5	24.5	25.6	26.6	27.7	28.7	29.8	30.8	31.9	32.9	34.0	35.0
1.72	13.5	14.5	15.5	16.6	17.6	18.6	19.6	20.6	21.6	22.6	23.7	24.7	25.7	26.7	27.7	28.7	29.7	30.8	31.8	32.8	33.8
1.75	13.1	14.0	15.0	16.0	17.0	18.0	18.9	19.9	20.9	21.9	22.9	23.8	24.8	25.8	26.8	27.8	28.7	29.7	30.7	31.7	32.7
1.78	12.6	13.6	14.5	15.5	16.4	17.4	18.3	19.3	20.2	21.1	22.1	23.0	24.0	24.9	25.9	26.8	27.8	28.7	29.7	30.6	31.6
1.81	12.2	13.1	14.0	15.0	15.9	16.8	17.7	18.6	19.5	20.5	21.4	22.3	23.2	24.1	25.0	25.9	26.9	27.8	28.7	29.6	30.5
1.84	11.8	12.7	13.6	14.5	15.4	16.2	17.1	18.0	18.9	19.8	20.7	21.6	22.4	23.3	24.2	25.1	26.0	26.9	27.8	28.7	29.5
1.87	11.4	12.3	13.2	14.0	14.9	15.7	16.6	17.4	18.3	19.2	20.0	20.9	21.7	22.6	23.4	24.3	25.2	26.0	26.9	27.7	28.6
1.90	11.1	11.9	12.7	13.6	14.4	15.2	16.1	16.9	17.7	18.6	19.4	20.2	21.1	21.9	22.7	23.5	24.4	25.2	26.0	26.9	27.7
1.93	10.7	11.5	12.3	13.2	14.0	14.8	15.6	16.4	17.2	18.0	18.8	19.6	20.4	21.2	22.0	22.8	23.6	24.4	25.2	26.0	26.8
1.96	10.4	11.2	12.0	12.8	13.5	14.3	15.1	15.9	16.7	17.4	18.2	19.0	19.8	20.6	21.3	22.1	22.9	23.7	24.5	25.2	26.0
1.99	10.1	10.9	11.6	12.4	13.1	13.9	14.6	15.4	16.2	16.9	17.7	18.4	19.2	19.9	20.7	21.5	22.2	23.0	23.7	24.5	25.3

图 4-1　BMI 对照表

②解决方法。

通过观察 BMI 对照表,可以看出要计算的数值繁多。图 4-1 的 BMI 对照表一共有 399 个数据,而且这张表还达不到完全精确。在程序中手动输入这 399 个数据是一件费时费力的事情。

本问题的解决方法:根据步长和上、下限,取不同的身高、体重值,并计算它们的 BMI 指数。与此同时,打印这些数据,按照表格形式对齐。

③数据描述。

已知数据:BMI 对照表的身高和体重的上、下限,身高和体重的步长。

求解数据:BMI 对照表。

2)设计算法

编程打印一张 BMI 对照表需要用到循环结构,根据 BMI 对照表逐行逐列实现,先按身高输出范围建立外层循环结构,循环体解决一行的数据;再按体重输出范围建立内层循环结构。循环体计算并输出一个 BMI 值。

```
算法描述
1 打印 BMI 对照表的前两行
2 循环 从 1.5 m 到 1.9 m,步长为 0.1 m
    2.1 打印当前身高值
    2.2 循环 从 50 kg 到 90 kg,步长为 10 kg
        2.2.1 计算当前身高、体重下的 BMI 值
        2.2.2 输出 BMI 值
    2.3 换行
```

3)编写程序

打印 BMI 对照表(FL4-3. py),代码如下:

```
print("\t\t\t 体重/kg")
print("身高/m",end = '\t')
for weight in range(50,91,10):
    print(str(weight),end = '\t')
print()
for height in range(150,191,10):
    height = height / 100
    print(str(height),end = '\t')
    for weight in range(50,91,10):
        value = weight / height * * 2
        print("{:.1f}".format(value),end = '\t')
    print()
```

运行结果如下:

```
                        体重/kg
身高/m    50      60      70      80      90
1.5      22.2    26.7    31.1    35.6    40.0
1.6      19.5    23.4    27.3    31.2    35.2
1.7      17.3    20.8    24.2    27.7    31.1
1.8      15.4    18.5    21.6    24.7    27.8
1.9      13.9    16.6    19.4    22.2    24.9
```

在打印 BMI 对照表的任务中,为了使打印出来的表格更加美观,每行的各个元素之间使用一个 Tab 键进行分隔。通过为 print()函数指定 end 参数的值,可以不让 print()函数在每次输出完毕之后都换行。在 Python 语言中,换行符用转义字符\n 表示,一个 Tab 键用转义字符\t 表示。用 Tab 键分割每行打印的元素可以用语句 print("某个元素",end= '\t')来实现。

如果 end 参数被省略,那么和人为指定参数 end= '\n'效果等同。如果仅仅想换行,而不

输出任何内容,可以使用 print()语句来实现。

程序的第一行至第五行打印 BMI 对照表前两行,它还可以分为三个部分:第一部分打印“体重/kg”和“身高/m”,第二部分循环打印从 50 到 90 表头,第三部分则是打印换行符。

本例中身高先以 cm 为单位,使用 range()函数获取从 150 到 190 的可迭代对象,在计算 BMI 值之前再除以 100 换算为以 m 为单位的数据。

使用 for 语句可以很方便地实现本算法描述的循环结构。使用 range(150,191,10)给出身高 height 的递增数据集,使用 range(50,91,10)给出体重 weight 的递增数据集。以身高为外层循环控制变量,对每一个身高值,计算不同体重下的 BMI 值,作为一行的数据。

4)调试运行

运行程序,观察能否实现打印 BMI 对照表的功能。

读者可以修改身高和体重的上限值和下限值、身高和体重的步长、保留小数的位数,观察程序的运行结果发生了哪些变化。

如果发现打印出来的表格没有对齐,可自行查找原因,在某些位置添加或减少制表符\t,尽可能达到对齐的效果,来提升 BMI 对照表的质量。

最后,你能否依据该 BMI 对照表估计自己的 BMI 值? 如果不能,请分析原因,并再次改写程序,尝试用自己打印的 BMI 对照表来估计自己的 BMI 值。

4.2 实验内容

1. 比较两数的大小

打开程序文件 sy4-1.py,程序实现的功能为输入两个整数,比较两个数的大小,输出较大数,如果相等,输出“两数相同!”。修改程序,使之正常运行。sy4-1.py 内容如下。

```
x = input()
y = input()
if (x = y):
    print("两数相同!")
elif (x > y):
    print("较大数为:",x)
else (x<y):
    print("较大数为:",y);
```

2. 判定三角形并计算三角形的面积

创建程序 sy4-2.py,程序实现的功能为输入三个浮点数 a、b、c,判断能否以它们为三个边长构成三角形。若能,输出 YES 和三角形的面积值,否则输出 NO。输入输出请参看运行示例。

运行示例一:

```
a = 3.4
b = 1.2
c = 6.7
NO
```

运行示例二：

```
a = 2.3
b = 5.6
c = 4.1
YES
4.107554016686819
```

3. 一元二次方程的求解

(1)打开文件 sy4-3-1.py，程序要实现的功能是使用求根公式计算一元二次方程 $ax^2+bx+c=0$ 的解 x_1 和 x_2（假设该一元二次方程有两个不同的实数根）。

一元二次方程的求根公式如下：

$$x=\frac{-b\pm\sqrt{b^2-4ac}}{2a}$$

下面给出程序的部分代码，在画线部分填写缺失的代码。

```
import math
# sqrt()函数用来求平方根，需要导入 math 库来使用
a = float(input("a = "))
b = float(________("b = "))
c = ____________________

delta = pow(b,2)-________
x1 = ( - b + math.sqrt(delta)) / (2 * a)
x2 = ( - b - math.sqrt(delta)) / (2 * a)
print("x1 = {:.2f}".format(x1))
print(                        )
```

如果缺失的代码填写正确，则程序的运行结果如下：

```
a = 1
b = 2
c = - 3
x1 = 1.00
x2 = - 3.00
```

(2)打开文件 sy4-3-2.py，程序要实现的功能是写一个选择结构，判断一元二次方程 $ax^2+bx+c=0$ 的实数根的个数。

设 $\Delta=b^2-4ac$。

当 $\Delta>0$ 时，方程有两个不相等的实数根；

当 $\Delta=0$ 时，方程有两个相等的实数根；

当 $\Delta<0$ 时，方程没有实数根。

下面给出程序的部分代码，在画线部分填写缺失的代码。

```
a = float(input("a = "))
b = float(input("b = "))
```

```
c = float(input("c = "))

delta = pow(b,2) - 4 * a * c

if ________:
    print("方程有两个不相等的实数根")
elif delta = = 0:
    print("方程有两个相等的实数根")
____:
    print("方程没有实数根")
```

如果缺失的代码填写正确，则程序的运行结果如下：

```
a = 1
b = 2
c = -3
方程有两个不相等的实数根
```

```
a = 1
b = 2
c = 1
方程有两个相等的实数根
```

```
a = 1
b = 1
c = 1
方程没有实数根
```

(3)创建文件 sy4-3-3. py，程序要实现的功能是求解一元二次方程($ax^2+bx+c=0$)的实数根。程序从控制台接收 a、b 和 c，根据不同的实数根的个数打印出不同的输出。

①如果有两个不同的实数根 $x_1=1$ 和 $x_2=2$，输出“x1＝1，x2＝2”；

②如果有两个相同的实数根均为 1，输出“x1＝x2＝1”；

③如果没有实数根，输出"方程没有实数根"。

4. 计算 N 的阶乘

1)写出阶乘问题的 IPO 描述

输入：______________________________

处理：______________________________

输出：______________________________

2)算法设计

为解决阶乘问题，可以使用(　　　　)结构。

通过与求 $1+2+\cdots+N$ 相似的思路，使用迭代循环的结构来计算 N 的阶乘。计算阶乘的时候，需要将累乘器的初值设置为 1。

请将算法描述补充完整：

```
1 输入 N
2 设置累乘器 p 的初值为____
3 循环 i 从____到____,步长为____
    3.1 ________________________
4 输出________的值
```

3)编写程序

打开程序文件 sy4-4. py,根据算法描述编写程序:

```
N = ________________
p = ________________
for ________________:
________________
print(________)
```

4)测试程序

运行示例如下:

```
input N:5
5! =120
```

请设计测试用例来验证程序的正确性,并将实验结果填入表 4-2 中。

表 4-2　实验结果

N	0	5	10	15
$N!$				

5. 九九乘法表的打印

打印如图 4-2 所示的九九乘法表。

```
1*1=1
1*2=2   2*2=4
1*3=3   2*3=6   3*3=9
1*4=4   2*4=8   3*4=12  4*4=16
1*5=5   2*5=10  3*5=15  4*5=20  5*5=25
1*6=6   2*6=12  3*6=18  4*6=24  5*6=30  6*6=36
1*7=7   2*7=14  3*7=21  4*7=28  5*7=35  6*7=42  7*7=49
1*8=8   2*8=16  3*8=24  4*8=32  5*8=40  6*8=48  7*8=56  8*8=64
1*9=9   2*9=18  3*9=27  4*9=36  5*9=45  6*9=54  7*9=63  8*9=72  9*9=81
```

图 4-2　九九乘法表

1)写出九九乘法表问题的 IPO 描述

输入:________________________________

处理:________________________________

输出:________________________________

2)算法设计

首先分析问题。打印九九乘法表显然需要用到两层循环嵌套。控制台中的字符是从左到右依次打印的,那么打印的第一行内容就是 1＊1=1,第二行是 1＊2=2 和 2＊2=4。为便于直观理解程序,将九九乘法表的被乘数(第一个数)命名为 first,乘数(第二个数)命名为 second。在每一行中，被乘数依次递增，乘数不变，所以乘数 second 为外层循环控制变量，被乘数 first 为内层循环控制变量。

图 4-2 中，九九乘法表的每行输出的项数是不一样的，这也要求每次内层循环的循环次数不一样。第一次打印的是 1 * 1=1，第二次打印的是 1 * 2=2 和 2 * 2=4。第三次打印的是 1 * 3=3、2 * 3=6 和 3 * 3=9，以此类推，那么，每次内层循环打印的九九乘法表的项数递增，项数与外层循环控制变量 second 的值相同。如果是乘法表的第九行，那被乘数就是从 1 到 9，乘数固定为 9。

每输出乘法表的一项，用一个 Tab 键分隔。在一次内层循环结束后，输出换行符。

算法描述如下：

```
1 循环乘数(second)从 1 到 9,每次递增 1
  1.1 循环被乘数(first)从 1 到 second ,每次递增 1
      1.1.1 打印本项(first * second)
  1.2 换行
```

3)编写程序

请创建程序文件 sy4-5.py，根据算法描述编写程序。

异　　常

学习目标

(1)熟悉各种系统内置异常的名称。

(2)能够用 try 语句编写简单的异常处理程序。

5.1 认识异常

1.认识默认异常处理器

直接输入以下语句,观察、理解正常现象及异常引发的默认异常处理器的启动,熟悉异常名称和产生异常的场合。

```
    Python 3.11.4 (tags/v3.11.4:d2340ef, Jun 7 2023, 05:45:37) [MSC v.1934 64 bit (AMD64)] on win32
    Type "help", "copyright", "credits" or "license()" for more information.
>>>for i in range(1,5)
    SyntaxError: incomplete input

>>>for1 i in range(1,5)
    SyntaxError: invalid syntax

>>>for1 + i
    Traceback (most recent call last):
      File "<pyshell#2>", line 1, in <module>
        for1 + i
    NameError: name 'for1' is not defined

>>>12/0
    Traceback (most recent call last):
```

```
    File "<pyshell#3>", line 1, in <module>
      12/0
  ZeroDivisionError: division by zero

>>>import math
>>>math.sqrt(-2)
  Traceback (most recent call last):
    File "<pyshell#5>", line 1, in <module>
      math.sqrt(-2)
  ValueError: math domain error

>>>'1' + 1
  Traceback (most recent call last):
    File "<pyshell#6>", line 1, in <module>
      '1' + 1
  TypeError: can only concatenate str (not "int") to str

>>>1 + '1'
  Traceback (most recent call last):
    File "<pyshell#7>", line 1, in <module>
      1 + '1'
  TypeError: unsupported operand type(s) for +: 'int' and 'str'

>>>str(1) + '2'
  '12'
>>>3 * '1'
  '111'
>>>'1' * 3.1
  Traceback (most recent call last):
    File "<pyshell#10>", line 1, in <module>
      '1' * 3.1
  TypeError: can't multiply sequence by non-int of type 'float'

>>>'6'/'2'
  Traceback (most recent call last):
    File "<pyshell#11>", line 1, in <module>
      '6'/'2'
  TypeError: unsupported operand type(s) for /: 'str' and 'str'

>>>a = 5
>>>str(a) + 6
  Traceback (most recent call last):
    File "<pyshell#13>", line 1, in <module>
      str(a) + 6
  TypeError: can only concatenate str (not "int") to str
```

```
>>>str(a) + '6'
    '56'
>>>print(str(a) + '6')
    56

>>>4 + spam * 3
    Traceback (most recent call last):
      File "<pyshell#16>", line 1, in <module>
        4 + spam * 3
    NameError: name 'spam' is not defined

>>>list = [1,2,3]
>>>list[1]
    2
>>>list[3]
    Traceback (most recent call last):
      File "<pyshell#19>", line 1, in <module>
        list[3]
    IndexError: list index out of range

>>>f = open('abc.txt')
    Traceback (most recent call last):
      File "<pyshell#20>", line 1, in <module>
        f = open('abc.txt')
    FileNotFoundError: [Errno 2] No such file or directory: 'abc.txt'

>>>int(3.2)
    3
>>>int('3.2')
    Traceback (most recent call last):
      File "<pyshell#22>", line 1, in <module>
        int('3.2')
    ValueError: invalid literal for int() with base 10: '3.2'

>>>True + 5
    6
>>>true + 5
    Traceback (most recent call last):
      File "<pyshell#24>", line 1, in <module>
        true + 5
    NameError: name 'true' is not defined. Did you mean: 'True'?

>>>a = None
>>>a
```

```
>>>1 + a
    Traceback (most recent call last):
      File "<pyshell#27>", line 1, in <module>
        1 + a
    TypeError: unsupported operand type(s) for + : 'int' and 'NoneType'

>>>del a
>>>del b
    Traceback (most recent call last):
      File "<pyshell#29>", line 1, in <module>
        del b
    NameError: name 'b' is not defined

>>>1000.1 * * 333
    Traceback (most recent call last):
      File "<pyshell#30>", line 1, in <module>
        1000.1 * * 333
    OverflowError: (34, 'Result too large')

>>>'a'>'b'
    False
>>>'a'<'b'
    True
>>>1 < '2'
    Traceback (most recent call last):
      File "<pyshell#33>", line 1, in <module>
        1 < '2'
    TypeError: '<' not supported between instances of 'int' and 'str'

>>>a = 1
>>>a + +
    SyntaxError: incomplete input
>>>a --
    SyntaxError: incomplete input

>>>a + = 1
>>>a
    2
```

2. 案例:除法练习

打开程序文件 FL5-1. py,程序实现的功能为接收用户输入的被除数和除数,输出答案。

要求：允许使用浮点数；允许用户按 Ctrl+C 快捷键中断程序，但要给用户提示；对用户所有的非法输入给出提示，包括非 ASCII 码、除数为 0、按 Ctrl+C 快捷键；异常处理完后，程序立刻终止。

```
'''除法练习'''
try:
    a = float(input('被除数:'))
    b = float(input('除数:'))
    print(f"{a:f} ÷ {b:f} = {a/b:f}")
except ZeroDivisionError:
    print('除数不能为 0! ')
except (ValueError,EOFError):
    print('请使用半角的阿拉伯数字! ')
except KeyboardInterrupt:
    print('你自己中断了程序! ')
```

运行示例如下。

运行示例一：

```
被除数:45.8
除数:2.9
45.800 000  ÷  2.900 000 = 15.793 103
```

运行示例二：

```
被除数:8.4
除数:0
除数不能为 0!
```

运行示例三：

```
被除数:8
除数:a
请使用半角的阿拉伯数字!
```

运行示例四(按 Ctrl+C 快捷键)：

```
被除数:
你自己中断了程序!
```

5.2 实验内容

1. 求直角三角形的直角边长度

1)问题描述

打开程序文件 sy5-1. py，程序要实现的功能为让用户输入直角边和斜边的长度，输出第二条直角边的长度。

2)具体要求

对用户所有的非法输入情况(如输入非 ASCII 码字符、直角边长度大于斜边长度、输入浮点数)给出提示,并将这些非法输入所引起的异常用一个 except 子句匹配;异常处理完后,程序立刻终止。

程序如下,请在画线处补充异常名称,调试程序实现程序功能。

```
import math
try:
    a = int(input('直角边长度:'))
    c = int(input('斜边长度:'))
    print(f'直角边长度为 {a},斜边长度为 {c}')
    print(f'第二条直角边长度为{math.sqrt(c * * 2 - a * * 2)}')
except ________:
    print('请使用半角正整数,斜边必须大于直角边! ')
```

说明:由于输入的直角边长度大于斜边长度所产生的对负数开方、输入非 ASCII 码字符这两种错误,都会引发同样的异常——ValueError。

上述程序在运行时,如果用户输入的是负数,程序也能正常运行,不会引发异常。

2. 浮点数的计算

1)问题描述

创建程序文件 sy5-2. py,编写程序完成如下两个表达式的计算。

```
a/(a-b-1)
math.sqrt(a * * 2-b * * 2)
```

2)具体要求

a、b 两变量中的数由用户输入,它们可以是浮点数;如果引发异常,让用户重新输入;每次犯错都输出累计的犯错次数,最后成功完成任务时,要输出“结束”。

3)运行示例

```
a:3.5
b:t
请使用浮点数,a 要大于 b
你已经犯错 1 次
a:3.5
b:7.2
- 0.7446808510638298
请使用浮点数,a 要大于 b
你已经犯错 2 次
a:6.5
b:5.5
除数不能为 0!
你已经犯错 3 次
```

```
a:6.5
b:4.2
5.000000000000001
4.960846701924985
结束
```

实验 6

数值数据的计算和典型算法

学习目标

(1)熟练书写数值类型数据的常量表示、变量定义。

(2)熟练运用算术运算符和数学函数实现计算。

(3)掌握数值数据的典型问题的算法设计。

6.1 认识基本数据类型及其表示和运算

1.识别表达式结果的数据类型

直接在 IDLE Shell 窗口输入以下表达式并查看结果。

①23+3;②23>3;③'23'+'3';④23/3; ⑤ 23//3;⑥23%3;⑦23 * * 3。

```
>>> 23 + 3
    26
>>> 23>3
    True
>>> '23' + '3'
    '233'
>>> 23/3
    7.666666666666667
>>> 23//3
    7
>>> 23 % 3
    2
>>> 23 * * 3
    12167
```

注意:命令行提示符后不要插入空格,否则会引起系统错误。

```
>>>  23 % 3
     SyntaxError: unexpected indent
```

请回答以下问题。

(1)结果为整型的表达式编号为______________。

(2)结果为浮点型的表达式编号为______________。

(3)结果为字符串型的表达式编号为______________。

(4)* *、/、%表示运算分别为______________。

2. 混合运算

(1)不同类型的数据之间进行运算时,会进行类型的转换,整型数据和浮点数据间进行运算时,整型数据会转化为浮点型数据。

```
>>> 23 + 24.5
    47.5
```

(2)自动类型转换不成功时会出现系统错误,例如,整型数据与字符串型数相加时出错。

```
>>> 23 + '3'
    Traceback (most recent call last):
      File "<pyshell#9>",line 1,in <module>
        23 + '3'
    TypeError: unsupported operand type(s) for + : 'int' and 'str'
```

(3)也可以通过类型转换函数,强制完成数据类型转换后再计算。

```
>>> 23 + int('3')
    26
>>> 'hello ' + str(123)
    'hello 123'
```

(4)int()函数可以实现对浮点数取整的功能。

```
>>> int(23/3)
    7
```

(5)round(x[n])函数的功能更为灵活,可以按指定位对 x 约化,规则为四舍五入,第二个参数指定约化位置,n 表示小数点后 n 位,省略表示默认值为 0。

```
>>>round(23/3,2)
    7.67
>>>round(23/3)
    8
```

上述表达式在计算过程中发生了数据类型自动转换的有:______________。

上述表达式在计算过程中发生了数据类型强制转换的有:______________。

3. 使用赋值语句创建变量

直接输入变量赋值语句,再查看该变量值及类型等信息。示例如下。

输入 a=23.5 ,再输入 a 显示该变量值,最后输入 type(a)显示变量类型。

```
>>> a = 23.5
>>> a
    23.5
```

```
>>> type(a)
    <class 'float'>
```

输入 b=a>0，再输入 b 显示该变量值，最后输入 type(b)显示变量类型。

```
>>> b = a>0
>>> b
    True
>>> type(b)
    <class 'bool'>
```

输入 c=None，再输入 c 显示该变量值，最后输入 type(c)显示变量类型。None 表示空类型。

```
>>> c = None
>>> c

>>> type(c)
    <class 'NoneType'>
```

输入 d='23'+'3'，再输入 d 显示该变量值，输入 type(d)显示变量类型，输入 len(d)显示变量长度。

```
>>> d = '23' + '3'
>>> d
    '233'
>>> type(d)
    <class 'str'>
>>> len(d)
    3
```

输入 f=2.4−9.18j，再输入 type(d)显示变量类型。输入 g=8.1+5.2j，再输入 f+g 显示复数运算的结果。

```
>>> f = 2.4 - 9.18j
>>> type(f)
    <class 'complex'>
>>> g = 8.1 + 5.2j
>>> f + g
    (10.5 - 3.9799999999999995j)
```

4. 变量和数值表达式

执行完下面的数值表达式语句后，变量 a～k 的值分别是多少？

```
>>>a = 5
>>>b = 2
>>> a * = b
>>>b + = a
>>>a,b = b,a
```

```
>>>c=6
>>>d=c%2+(c+1)%2
>>>e=2.5
>>>f=3.5
>>>g=(a+b)%3+int(f)//int(e)
>>>h=float(a+b)%3+int(f)//int(e)
>>>i=(a+b)/3+f%e
>>>j=a<b and c<d
>>>k=not j and True
```

5. 条件表达式

条件表达式的结果为布尔型,通常用于在 if 语句和 while 语句中进行条件判断。

假设先执行了如下语句:

```
>>>x=384
>>>a,b=2.56769,2.56789
```

按要求写出条件判断语句,并在 IDLE Shell 窗口中测试结果。

①判断 x 是不是奇数:____________________。

②判断 x 是否能被 3 和 5 整除:____________________。

③判断 x 是否能被 3 或 5 整除:____________________。

④判断 b 与 a 的差值是否超过 0.0001:____________________。

6.2 实 验 内 容

1. 求出指定区间内所有能被 3 和 5 整除的整数之和

1)问题描述

编写程序 sy6-1.py,程序实现的功能为:接收输入的 2 个正整数 m、n,计算区间[m,n]上所有能被 3 和 5 整除的整数之和并输出。

2)具体要求

①输入 2 个正整数 m、n($m \leqslant n$),如果 $m>n$,则交换 m 和 n 的值。

②计算区间[m,n]上所有能被 3 和 5 整除的整数的和。

③输出结果。

3)运行示例

```
m=100
n=150
s=510
```

4)问题解答提示

判断一个数 i 是否能同时被 3 和 5 整除,可以用逻辑运算符 and 连接两个条件,示例如下:

```
i%3==0 and i%5==0
```

5)思考

如果要输出如下形式的结果,如何修改程序?

```
m = 100
n = 150
105 + 120 + 135 + 150 = 510
```

2. 判断闰年

1)问题描述

编写程序 sy6-2. py,程序实现的功能为:接收输入年份,计算并判断该年份是不是闰年,输出判断结果。

2)运行示例

运行示例一:

```
input year:2021
2021 不是闰年
```

运行示例二:

```
input year:1996
1996 是闰年
```

3)问题解答提示

符合下面两个条件之一的年份是闰年。

①能被 4 整除但不能被 100 整除。

②能被 400 整除。

3. 求分数序列的和

1)问题描述

编写程序 sy6-3. py,程序实现的功能为:接收输入的正整数 n,输出分数序列 2/1、3/2、5/3、8/5、13/8、21/13……的前 n 项之和。

2)具体要求

①输入一个正整数,如果 $n \leqslant 0$,则输出"n 输入错误"并退出程序。

②计算要求的分数序列前 n 项之和。

③输出结果。

3)运行示例

运行示例一:

```
-5
n 输入错误
```

运行示例二:

```
5
前 5 项的和为 8.39
```

4)问题解答提示

可以执行 exit(0)退出程序,也可以使用 if…else 结构实现。

分数序列的分子、分母是由斐波那契数列构成,后一项的分子是前一项的分子、分母之和,后一项的分母是前一项的分子。使用 Python 语言的同步赋值能很方便地实现分子、分母的规律变化。

4. 判断完数

1)问题描述

一个数如果恰好等于它的因子之和,这个数就称为“完数”。例如,6 的因子为 1、2、3,而 6=1+2+3,因此 6 是完数。编写程序 sy6-4. py,程序实现的功能为:编程,输出 1 000 之内的所有完数,并统计 1 000 之内一共有多少个完数。

2)运行示例

```
6
28
496
1 000 之内的完数共有 3 个
```

3)问题解答提示

问题的解答涉及两次穷举,先要穷举 1 000 以内的所有整数,对穷举的每一个数 i,再次穷举从 1 到 $i-1$ 的数,判断是否能被 i 整除,能被 i 整除则为因子,累加到 s。一个数的因子穷举完毕,再比较因子的累加和 s 是否等于 i,如果相等则输出 i,并且计数。循环全部结束,输出计数值。本题的算法是一个双重循环结构。

5. 求阶乘之和

1)问题描述

打开程序 sy6-5. py,程序实现的功能为:输入一个正整数 n,计算 $1!+2!+3!+\cdots+n!$ 的结果并输出。

2)具体要求

请在下面三处画线处填入适当的表达式,完成程序,实现程序功能。

```
n = int(input("n = "))
if n<0:
    print("n 输入错误!")
    exit(0)
s,t = ________
for i in range(__________):
    t = __________
    s = s + t
print("阶乘和为",s)
```

3)运行示例

运行示例一:

```
n = 0
阶乘和为 1
```

运行示例二:

```
n = 10
阶乘和为 4037913
```

4)问题解答提示

设置 t 为累和项,前后两项 t 的变化公式为 t=i * t。每次循环先由前一个 t 构造出新的 t,再累加到累加变量 s 中。i 值从 2 到 n 变化,s、t 初值为 1!。

6. 统计气温

1)问题描述

打开程序 sy6-6. py,程序要实现的功能为:接收输入的若干天的气温,输入为 quit 时结束输入,求平均气温、最高气温和最低气温。

2)具体要求

①检测到输入为 quit 后输出统计结果,如果第一次输入就输入 quit,则显示“程序结束”。

②气温数据为整数,平均气温保留一位小数。

③下面的程序中存在逻辑错误,请调试程序,找出错误并改正。

```
x = input("请输入一个气温:")
if x = = "quit":
    print("程序结束")
    exit(0)
else:
    maxnum = minnum = x

s = 0
n = 0

while True:
    x = input("请输入一个气温:")
    if x = = "quit":
        continue
    x = int(x)
    if x>maxnum:
        maxnum = x
    elif x<minnum:
        minnum = x
    s = s + x
    n = n + 1
    print("最高气温为{},最低气温为{}".format(maxnum,minnum))
    print("平均气温为{:.1f} ".format(s/n))
```

3)运行示例

```
请输入一个气温:34
请输入一个气温:30
请输入一个气温:28
```

```
请输入一个气温:35
请输入一个气温:quit
最高气温为 35,最低气温为 28
平均气温为 31.8
```

4)问题解答提示

将天数存放在变量 n 中,气温之和存放在变量 s 中。使用 while 控制循环输入气温,输入为 quit 时结束,每输入一个气温,累加到 s。注意,应以字符串型接收输入的气温值,判断其不是 quit 后,转换数据类型为整型并累加到 s。平均气温计算表达式为 adv=s /n。最高气温和最低气温的初值可以取输入的第一个气温,循环结构从第二个气温的输入开始构建。但是要考虑处理第一次就输入 quit 的情况。输出时保留一位小数。

7. 穷举三位数

1)问题描述

编写程序 sy6-7. py,程序实现的功能为:有四个数字 0、1、2、3,能组成多少个互不相同且无重复数字的三位数?各是多少?每行输出 10 个。

2)运行示例

```
102 103 120 123 130 132 201 203 210 213
230 231 301 302 310 312 320 321
共 18 个
```

3)问题解答提示

使用穷举法,穷举每个位置上可能出现的数字,如果穷举的方案中每个位置上的数字不重复,则构造一个三位数的整数并输出,同时计数变量增 1。

三位数需要设置三个穷举的变量。注意三位数的百位不能为 0。

8. 科拉茨猜想

1)问题描述

科拉茨猜想也称 $3n+1$ 猜想:给定一个正整数,如果是偶数,则减半;如果是奇数,则变为它的三倍加一,直到变为 1 停止。猜想所有正整数经过足够多次变换最终都能达到 1。创建程序 sy6-8. py,程序实现的功能为:模拟科拉茨猜想过程,输出每一步的变换结果,达到 1 停止。

2)运行示例

```
n=10
5 16 8 4 2 1
```

3)问题解答提示

循环结构终止条件是 n 等于 1,显然 n 为循环控制变量,输入值为 n 的初值,终值为 1,每次循环根据 n 的奇偶性进行变化。这是一个典型的当型循环,用 while 语句实现。

实验 7

文本数据的计算和典型算法

学习目标

(1)熟练书写字符串型数据的常量表示。

(2)掌握简单的字符串操作和字符串函数,实现计算。

(3)掌握文本数据的典型问题的算法设计。

7.1 认识 Python 语言的文本数据

1. 字符串常量的表示

1)单引号和双引号

Python 语言的字符串常量支持单引号和双引号两种标识符号,可根据字符串的具体内容选择使用。这样就解决了其他程序语言中存在的,当字符串本身包含引号时需要使用转义字符的问题。

请写出能够正确输出下面字符串的 print 语句。

字符串 1:To be or not to be ,that's a question.

____

字符串 2:Title:"ShopID"-"shop"-"Turnover".

____

2)回车和三引号

请按要求输出下面三行文字。

"I am ashamed of my emptiness,"said the Word to the Work.

"I know how poor I am when I see you,"said the Work to the Word.

——Rabindranath Tagore

要求 1:使用一条 print 语句,换行使用转义字符'\n'。

____

要求 2：使用一条 print 语句，使用三引号实现所见即所得的格式。

---

2. 字符串的访问方式

中国居民身份证号码的数字编码规则为：第 1、第 2 位表示省级行政区；第 3、第 4 位表示地级行政区；第 5、第 6 位表示县级行政区；第 7～第 14 位表示出生日期；第 15～第 17 位为顺序码，其中第 17 位是奇数表示男性，是偶数表示女性；第 18 位为校验码。

按以下要求写出代码并在 IDLE Shell 窗口中验证，思考字符串索引访问和切片访问的规律。

要求 1：输入一个身份证号码。

要求 2：输出表示地区的前 6 位编码。

要求 3：输出校验码。

要求 4：输出性别(男或女)。

要求 5：输出出生日期(××××年××月××日)。

要求 6：输出 3 位顺序码的逆序数。

---

3. 字符串运算

①测试下面语句，理解字符串运算符＋、* 、in 的用法。

```
>>> s1 = "Hello"
>>> s2 = " Python"
>>> s = s1 + s2
>>> s
    'Hello Python'
>>> s1 in s
    True
>>> s = s1 + s2 * 3
>>> s
    'Hello Python Python Python'
```

②假设已经执行如下语句。

```
>>> s1 = "Artificial"
>>> s2 = "Intelligence"
```

利用 s1、s2 和字符串操作，按下面输出要求写出表达式(一次完成)。

要求 1：输出 'AI'。

要求 2:输出'tific'。

要求 3:输出'ArtIntelArtIntel'。

---

4. 字符串处理函数和内置字符串处理方法

①测试下面语句,理解字符串的运算。

```
>>> s = "Python String"
>>> s.upper()
    'PYTHON STRING'
>>> s.lower()
    'python string'
>>> s
    'Python String'
>>> s.replace('ing','gni')
    'Python Strgni'
>>> s
    'Python String'
>>> t = s.split(' ')
>>> t
    ['Python','String']
>>>s.find('t')
    2
>>>s.find('t',3)
    8
>>>s.find('t',9)
    -1
>>>s.index('t')
    2
>>>s.index('t',9)
    Traceback (most recent call last):
      File "<pyshell#4>",line 1,in <module>
        s.index('t',9)
    ValueError: substring not found
```

说明:

字符串 s 调用了 upper()、lower()、replace()方法后,字符串 s 不变,返回一个新的字符串。

find()方法和 index()方法的区别在于:当找不到子串时,find()方法返回-1,index()方法报异常。

②假设已经执行了如下语句。

```
>>> s1 = "Artificial"
>>> s2 = "Intelligence"
```

利用 s1、s2 和字符串操作,按下面输出要求写出表达式(一次完成)。

要求 1:输出'ART intel'。

要求 2:输出'Art * f * c * alIntell * gence'。

---

5. 字符串处理程序示例

①寻找字符串 s 中的子串 sub 的所有位置。试着使用不同的字符串函数和循环控制方法实现,运行示例如下:

```
s = do not,for one repuls,forgo the purpose that you resolved to effort
sub = o
1 4 8 11 23 26 36 46 52 59 64 over
```

方法一　使用 find()函数,while 语句实现(FL7-1. py)。

循环结构的构建分析。

循环通项:

```
index = s.find(sub,start)
print(index)
start = index + 1
```

循环控制:

index 为−1,循环结束。

index 的初值:第一次执行 find()方法。

index 的终值:−1。

index 的变化:再次执行 find()方法。

程序实现如下:

```
s = input("s = ")
sub = input("sub = ")
start = 0
index = s.find(sub,start)
while index ! = -1:
    print(index,end = "\t")
    start = index + 1
    index = s.find(sub,start)
print("over")
```

方法二　使用 while True…if …break 算法模式实现(FL7-2. py)。

程序实现如下:

```
s = input("s = ")
sub = input("sub = ")
start = 0

while True:
    index = s.find(sub,start)
```

```
        if index == -1:
            break
        print(index,end="\t")
        start = index + 1

print("over")
```

方法三　使用 index()方法实现(FL7-3. py)。

循环结构的构建分析。

循环通项：

```
index = s.index(sub,start)
print(index)
start = index + 1
```

循环控制：

当异常 ValueError 发生时，使用 break 跳出循环。

```
while True:
    try:
        ...
    except ValueError:
        ...
        break
```

程序实现如下：

```
s = input("s = ")
sub = input("sub = ")
start = 0
while True:
    try:
        index = s.index(sub,start)
        print(index,end = "\t")
        start = index + 1
    except ValueError:
        print('over')
        break
```

②输入若干个整数之后，输入 quit 结束输入，然后求所有整数的逆序数之和(FL7-4. py)，要求定义一个函数实现返回一个整数的逆序数。运行示例如下：

```
input x:45
input x:-12
input x:30
input x:quit
54 + (-21) + 3 = 36
```

设计函数 reverse(),实现求一个整数的逆序数的功能。

```
def reverse(x):
    x = str(x)
    if x[0] == "-":
        return int(x[:0:-1]) * -1
    else:
        return int(x[::-1])
```

调用 reverse()函数实现程序功能:

```
s = 0
outstr = ""
while True:
    x = input("input x:")  #循环控制结构
    if x == "quit":
        break
    x = reverse(x)
    outstr += f"({x})+" if x<0 else f"{x}+"
    s += x
print(outstr[:-1],"=",s)
```

7.2 实验内容

1. 解读凯撒密码

1)问题描述

编写程序 sy7-1.py,程序实现的功能为:输入凯撒暗文,输出明文。

2)具体要求

在一行中输入凯撒暗文存入 ciphercode 中,下一行输出明文。

凯撒密码的加密程序代码如下:

```
#凯撒密码转换程序 Caesar.py
plaincode = input("请输入暗文:")
for p in plaincode:
    if ord('a') <= ord(p) <= ord('z'):
        print(chr(ord('a') + (ord(p)-ord('a') + 3) % 26),end = '')
    else:
        print(p,end = "")
```

3)运行示例

```
请输入暗文:sbwkrq
python
```

4)问题解答提示

从加密程序中可推出解码公式为 ord('a') + (ord(p)-ord('a')-3)%26。

2. 回文字符串判断

1)问题描述

编写程序 sy7-2.py,程序要实现的功能为:接收输入的一个包含 5 位数字字符的字符串,判断其是不是回文字符串。

2)具体要求

①根据提示输入长度为 5 的数字字符串 x。

②如果 x 的各位数字字符反向排列后所得字符串与 x 相等,则 x 为回文字符串。

③使用切片运算求解一个字符串的逆序字符串。

3)运行示例

运行示例一:

```
请输入一个长度为 5 的自然数:123456
输入长度错误!
```

运行示例二:

```
请输入一个长度为 5 的自然数:7d8d7
输入的不是自然数!
```

运行示例三:

```
请输入一个长度为 5 的自然数:12345
12345 不是回文数
```

运行示例四:

```
请输入一个长度为 5 的自然数:12321
12321 是回文数
```

4)问题解答提示

切片运算 x[::−1]可以得到字符串对象 x 的逆序字符串。x.isdigit()方法可以判断字符串中是否都是数字字符,返回布尔值。

3. 求文本中出现频率最高的字符

1)问题描述

编写程序 sy7-3.py,程序要实现的功能为:接收输入的一段文本,输出该文本中出现频率最高的字符。

2)具体要求

如果出现频率最高的字符有多个,输出最先出现的字符。

3)运行示例

运行示例一:

```
abbabcccdc
c
```

运行示例二:

```
abbabcccd
b
```

4)问题解答提示

字符串的 count()方法可以计算一个字符在字符串中出现的次数。使用两个变量,一个表示当前出现频率最高的字符,一个表示当前出现频率最高的次数。执行求最大值的字符串遍历算法,就可以求得出现频率最高的字符。

4. 求两个逆序数之和

1)问题描述

编写程序 sy7-4. py,程序要实现的功能为:接收输入的两个自然数,求其逆序数之和。

2)运行示例

```
a = 120
b = 97
21 + 79 = 100
```

实验 8

元组和列表

学习目标

(1)认识序列的表示和操作。

(2)掌握列表的遍历访问算法。

(3)掌握批量数据的输入输出。

(4)掌握批量数据的统计分析算法。

(5)掌握查找和排序算法的实现。

8.1 认识 Python 语言的批量数据

1. 认识序列的表示和操作

1)元组的创建和操作

在 IDLE Shell 窗口中按要求完成下面操作。

要求 1：使用字面常量创建一个包含若干个身高数据的元组 THeight，求平均身高，找出元组中最高身高的数据和位置(下标)。

要求 2：定义一个从身份证中获取出生日期的函数 getDate()，调用 getDate()函数抽取身份证号码“320509197212312665”中的年、月、日数据，先使用三个变量(y，m，d)接收返回值，再使用一个变量(birthDate)接受返回值，查看变量的值和类型。函数定义参考代码如下。

```
def getDate(id):
return int(id[6:10]),int(id[10:12]),int(id[12:14])
```

要求 3：创建一个只含有自己名字的元组，用 type()函数查看变量的类型。

2)列表的创建和操作

在 IDLE Shell 窗口中按要求完成下面操作。

要求 1：将前面创建的元组 THeight 转化为列表 LHeight。

要求 2：创建一个长度为 10 的随机身高列表 RHeight，身高数据范围为 1.40～2.00 m，保留两位小数。合并 RHeight 列表数据到 LHeight。

要求 3:将 LHeight 列表中的身高数据按从大到小的顺序排列。

要求 4:求身高的中位数。

要求 5:按 LHeight 的长度,随机生成一个体重列表 RWeight,体重数据范围为 40～100 kg,保留一位小数。

要求 6:将 LHeight 和 RWeight 相对应位置的一对数据结合为一组,生成一个二维列表 LHealth。

要求 7:根据 LHealth 列表数据计算 BMI 值,生成 BMI 列表。

要求 8:统计 BMI 列表中健康人数的比例(满足 18.5≤BMI＜24 的 BMI 值为健康 BMI 值)。

2. 批量数值数据的创建

1)逐个添加到列表

初始化一个空列表,在一个循环结构中依次将数据添加到列表中,添加的同时完成数据类型的转换。

【例 8-1】 在列表中输入一批浮点类型数据,统计它们的个数,求它们的总和及平均值。

```
#FL8-1.py
a = []
x = input('input a number ,over quit:')
while x! = "over":
    a.append(float(x))
    x = input('input a number ,over quit:')
n = len(a)
if n = = 0:
    print("没有输入")
else:
    s = sum(a)
    print(f'n = {n},sum = {s:.2f},average = {s/n:.2f}')
```

运行示例:

```
input a number ,over quit: - 92.1
input a number ,over quit:12.87
input a number ,over quit:0
input a number ,over quit:263.55
input a number ,over quit: - 20.58
input a number ,over quit:over
n = 5,sum = 163.74,average = 32.75
```

请读者思考使用单变量和使用列表来解决这个问题的不同。使用单变量,在循环结构中要同时完成输入一个数据,转换数据类型,执行累加、计数算法;使用列表,仅仅完成输入和数据类型转换即可。累加、计数等操作可以调用列表的函数来完成。

使用 while…True…if…break 算法模式完成输入批量数据到列表也很常见。例 8-1 的程序可以改写如下:

```
#FL8-1-2.py
a=[]
while True:
    x=input('input a number ,over quit:')
    if x=="over":
        break
    a.append(float(x))
n=len(a)
if n==0:
    print("没有输入")
else:
    s=sum(a)
    print(f'n={n},sum={s:.2f},average={s/n:.2f}')
```

2)使用 split()方法

使用 split()方法可以处理以约定符号分隔的一批数据的输入。进行字符串分离处理后将数据存储在列表中。

将以空格分隔的数据分离并保存到列表：

```
L=input("请输入一组数据,以空格分隔:").split()
for i in range(len(L)):
    L[i]=float(L[i])
```

注意:如果数据是以空格、制表符、回车等不可见字符分隔的,则 split()方法使用默认参数,不用加参数。

Python 语言还提供了更为简单的方法来转换列表中数据的类型。

方法一　使用快速产生列表方式。

```
L=[float(x) for x in input("请输入一组数据,以空格分隔:").split()]
```

方法二　使用 map()函数。

map()函数会根据提供的函数对指定序列进行映射。函数格式如下：

```
map(function,iterable,…)
```

第一个参数 function 是函数名,第二个参数是迭代序列。对迭代序列中的每一个元素调用 function()函数,返回包含每次 function()函数返回值的 map 对象：

```
L=list(map(float,input("请输入一组数据,以空格分隔:").split() ))
```

【例 8-2】输入一批以逗号分隔的浮点型数据到列表,统计它们的个数,求它们的总和及平均值。

```
#FL8-2.py
L=[float(x) for x in input("请输入一组数据,以逗号分隔:").split(",") ]
n=len(L)
if n==0:
    print("没有输入")
```

```
else:
    s = sum(L)
    print(f'n = {n},sum = {s:.2f},average = {s/n:.2f}')
```

运行示例:

```
请输入一组数据,以逗号分隔:-92.1,12.87,0,263.55,-20.58
n = 5,sum = 163.74,average = 32.75
```

3. 批量数据的删除

1)列表的删除方法

①按下标删除:L. pop(i)。

②按值删除:L. remove(value)。

```
>>>L = [i for i in range(10,30)]
>>>L
    [10,11,12,13,14,15,16,17,18,19,20,21,22,23,24,25,26,27,28,29]
>>>L.pop(9)
    19
>>>L
    [10,11,12,13,14,15,16,17,18,20,21,22,23,24,25,26,27,28,29]
>>>L.remove(25)
>>>L
    [10,11,12,13,14,15,16,17,18,20,21,22,23,24,26,27,28,29]
```

2)按条件删除

【例 8-3】 删除列表中能被 7 整除的数。

方法一　下标操作:容易造成下标越界错误。

```
#FL8-3-1.py
L = [i for i in range(71)]
for i in range(len(L)):
    if L[i] % 7 = = 0 :
        L.pop(i)
print(L)
```

运行结果:

```
Traceback (most recent call last):
  File "C:\samples \FL8-3-1.py",line 4,in <module>
    if L[i] % 7 = = 0 :
IndexError: list index out of range
```

for 循环建立迭代序列 0~70,循环执行 71 次,i 依次取 0~70。而列表在循环过程中元素个数减少,就会造成下标越界错误。这里的一个误解就是 for 循环并不会只循环一次,执行一次 range(len(L))函数,就会动态修改循环执行的次数。

方法二 按值删除。

```
#FL8-3-2.py
L=[i for i in range(71)]
for x in L:
    if x%7==0:
        L.remove(x)
print(L)
```

方法三 转换为按条件生成的新列表。

```
L=[i for i in range(71)]
NL=[]

for i in range(len(L)):
    if L[i]%7!=0:
        NL.append(L[i])
print(L)
print(NL)
```

方法四 filter()函数。

```
L=[i for i in range(71)]
L=list(filter(lambda x:not x%7==0,L))
print(L)
```

4. 重复数据的查找

1)问题描述

在一个序列中查找指定的值 x,如果能找到,则显示其在序列中的位置,如果没有找到,则显示文字信息提示"没有找到"。查找的数据在列表中可能有多个。

2)算法分析

顺序查找的算法思想是:有效元素放在列表 L 中,要查找的键值为 x,设置所查找数据的下标值为-1,从顺序表的低端向高端(从前向后)依次查找,若找到,返回找到记录所在的位置(下标),若找不到,比较最后一个数据后结束,下标值仍为初值-1。

如果数据存在重复值,那么所找数据的下标可能有多个值,就不能用单变量表示,需要一个列表来存放多个下标值。如果找到,那么将下标添加到列表中。列表遍历结束后,如果列表的长度为 0,说明没有找到。算法描述如下:

```
1 输入列表 L
2 输入查找数 x
3 创建查找值下标列表 Lx
4 循环 i 从 0 到 len(L)-1
      4.1 如果 L[i]等于 Lx ,则 追加 i 到 Lx
5 如果 len(Lx) 不等于 0,输出 Lx
  否则输出"没有找到"
```

3)算法应用

打开程序文件 sy8-1.py,请按照上述算法,完成下面的算法应用实例程序,观察用随机函数生成随机数的重复情况。

```
L = input().__________________ #读入一组整数,空格分隔
L = [int(i) for i in L ]


#print("列表:",L)
#输入查找数 x,显示在列表中的位置,第一个元素的位置为 1
x = int(input())
Lx = __________________
for i in range(len(L)):
    if __________________:
        __________________
if __________________:
    print("没有找到")
else:
    print("出现位置",Lx)
```

运行示例如下:

```
12,11,15,17,17,18,14,14,18,10,16
输入查找数:18
出现位置 [5,8]
```

5.二分查找

1)问题描述

在一个有序的列表中使用二分查找法(折半查找)查找指定值,并统计查找列表中的每一个元素所需的查找次数。

2)算法分析

二分查找法的算法思想与生活中查英文字典的方法类似:先翻到一页,确定查找的单词在这页前面还是在后面,再继续在缩小的区域中查找,逐步逼近。计算机中要明确翻页机制,设定为每次将查找数与搜索区域中间位置的数据比较,若不相等,则缩小搜索区域到前半段或后半段,继续查找。执行二分查找法的前提是查找的列表是有序的。

设置变量 left 和 right 分别为查找范围的下限和上限(下标值),mid 为该范围中间记录的下标[mid=(left+right)//2]。

设置被找键值为 target,与下标值为 mid 的键值进行比较,有三种结果:

①target==L[mid],查找成功,返回该记录的下标 mid;

②target<L[mid],则 left 不变,right=mid-1,即在左半区继续二分查找;

③target>L[mid],则 right 不变,left=mid+1,即在右半区继续二分查找。

若 left>right,则查找失败。

如图 8-1 所示,在列表[-1,0,1,3,4,6,8,10,12]中查找 6。第一步,mid 等于 4,L[4]与 target 比较,target 大,搜索区域修改到右半区,left=5。第二步,mid 等于 6,L[6]与 target 比较,target 小,搜索区域修改到左半区,right=5。第三步,mid 等于 5,L[5]与 target 相等,找

到要找的数据。

如图 8-2 所示，在列表[-1,0,1,3,4,6,8,10,12]中查找 5。第一步，mid 等于 4，L[4]与 target 比较，target 大，搜索区域修改到右半区，left=5。第二步，mid 等于 6，L[6]与 target 比较，target 小，搜索区域修改到左半区，right=5。第三步，mid 等于 5，L[5]与 target 比较，target 小，right 值修改为 4，此时 left>right，循环结束，没有找到要找的数据。

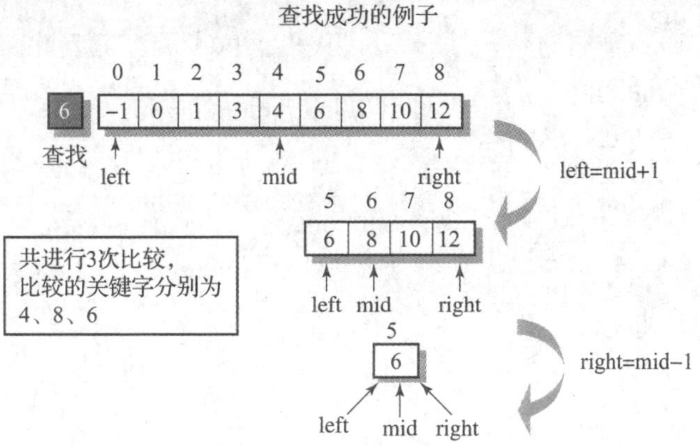

图 8-1　二分查找成功示例

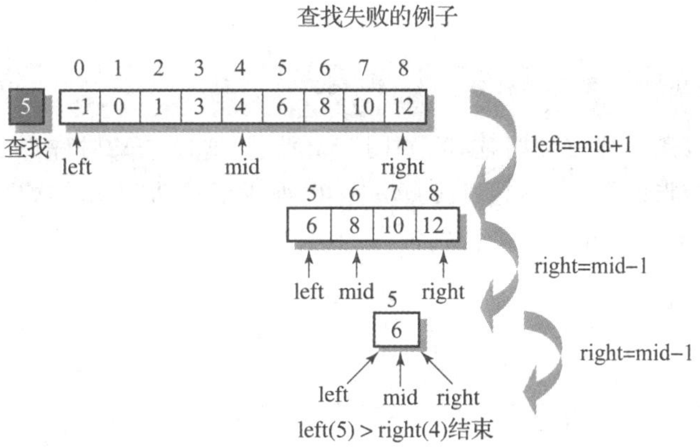

图 8-2　二分查找失败示例

二分查找算法步骤设计如下：

```
1 设置 left 为 0,right 为 len(L) - 1
2 循环当 left 小于等于 right
  2.1 计算 mid
  2.2 如果 target 等于 L[mid],则跳出循环
      否则如果 target 大于 L[mid],则 left = mid + 1
      否则 right = mid - 1
3 如果 left>right,则没有找到
  否则找到,x 的位置是 mid
```

3)算法应用

已知列表[20,25,30,35,40,45,50,55]，输出应用二分查找法查找列表中的每一个元素所

需的查找次数。请按照上述算法,完成下面的算法应用实例程序 sy8-2.py。

```
L = [20,25,30,35,40,45,50,55]          # 已知列表
Lc = []                                # 每个元素所需查找次数列表
for ____________ in L:                 # 遍历 L 中每一个元素
    left,right = __________            # 搜索区域初始化
    c = 0                              # 查找次数计数器清零
    while ____________:                # 二分查找算法
        mid = (left + right)//2
        c + = 1
        if target = = L[mid]:
            Lc.append(c)               # 找到,记录查找次数
            ________________
        elif target>L[mid]:
            left = mid + 1
        else:
            ________________

print(list(zip(L,Lc)))
```

运行结果如下:

```
[(20,3),(25,2),(30,3),(35,1),(40,3),(45,2),(50,3),(55,4)]
```

二分查找法可以用一棵二叉树描述,如图 8-3 所示,这棵二叉树称为二叉判定树,查找成功时比较次数为该节点的层数,不超过$[\log_2 n]+1$,查找不成功时比较次数为从根节点到某节点空子树的层数,最大查找次数为二叉判定树的层高。

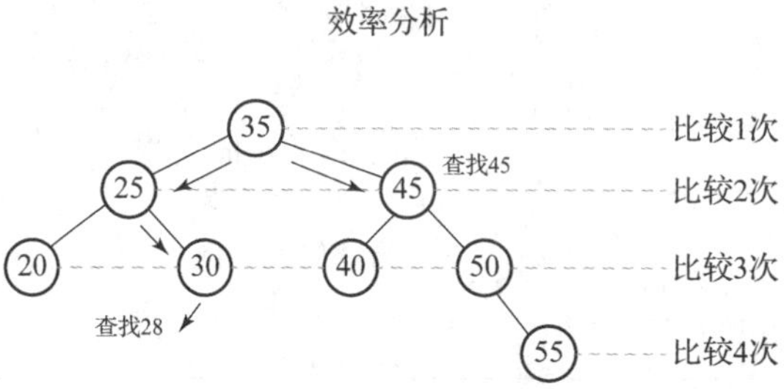

图 8-3　二分查找效率分析

6. 插入排序

1)问题描述

使用插入排序算法,对一个含有 n 个数的序列进行排序。插入排序算法的核心思想是每一趟排序将一个数据项有序地插入到一个已排序序列中。只有 1 个数据项的序列可以看成是一个有序子序列。从第 2 个数据项开始,逐个进行有序插入,直至整个序列有序。这样的排序需要进行 $n-1$ 趟。

2)算法分析

如图 8-4 所示,第 1 趟排序将[5]看作一个已排序序列,待排序序列为[8,1,3,7,9,0,2],从待排序序列中取第一个数 8,将 8 有序地插入到已排序序列中,得到[5,8]。第 2 趟排序,待

排序序列为[1,3,7,9,0,2],将 1 有序地插入到已排序序列中,得到[1,5,8]……以此类推,逐个将待排序序列中的 $n-1$ 个数有序地插入到已排序序列中,完成排序。

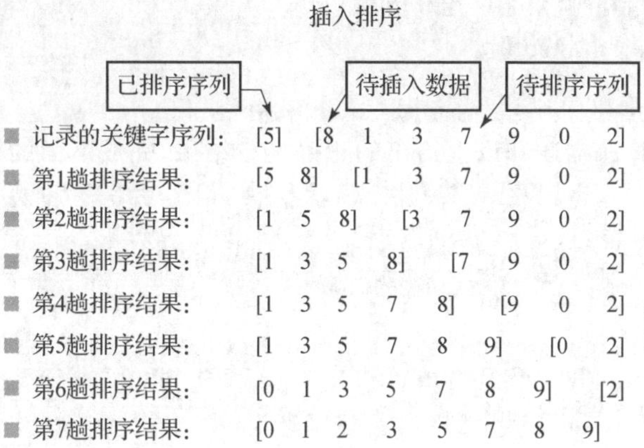

图 8-4　插入排序过程示例

设置变量 i 是待插入数的下标,从 1 变化到 $n-1$。0～i−1 是已排序序列的下标。那么一趟有序排列的过程分为三步:

(1)将待插入数 L[i]取出。

(2)定位:从后向前逐个将待插入数与已排序序列的数据进行比较,如果已排序序列的数据大,向后移位。直到找到第一个小于或等于待插入数的数为止,或者全部比较完。

(3)插入:插入到停止位置的后面。分两种情况考虑:如果找到的数小于待插入数,插在这个数的后面;如果全部比较完毕,下标为−1,插入位置为 0,也是插入到停止位置的后面。

插入排序算法设计如下:

```
1 循环 i 从 1 到 n-1,step 为 1
    1.1  取待插入数据 L[i]到 x
    1.2  循环 j 从 i-1 到 0 ,step 为 -1
              如果 L[J]>x
                  则:L[J]移动到 L[J+1]
               否则:跳出循环
    1.3  x 插入到 L[J+1]
```

3)算法应用

打开程序 sy8-3.py。列表 s 中存放了一组职工津贴记录,每条记录包含工号、津贴 1、津贴 2 三项数据,请应用插入排序算法对这组数据排序,本月津贴额的计算方法是工号为偶数的等于津贴 1 和津贴 2 之和,工号为奇数的等于津贴 1,请按本月津贴额从高到低排序。正确的运行结果应为:

```
工号                本月津贴
10170110312         3700
10170110314         3100
10170110307         2700
```

```
10170110309                  2500
10170110308                  2300
10170110311                  2100
10170110310                  2000
10170110313                  1500
```

请按照插入排序算法描述和以上给出的正确运行结果，完成下面的程序。

```
s = [[10170110307,2700,300],[10170110308,1500,800],[10170110309,2500,600],\
[10170110310,1500,500],[10170110311,2100,600],[10170110312,3500,200],\
[10170110313,1500,300],[10170110314,2500,600]]

if s[0][0] % 2 = = 0:                    #为第一个元素计算本月津贴额
    s[0].append(s[0][1] + s[0][2])
else:
    s[0].append(s[0][1])
for i  in range(____________,len(s)):
    r = ____________                     #取出待插入数
    if r[0] % 2 = = 0:                   #计算本月津贴额
        r.append(r[1] + r[2])
    else:
        r.append(r[1])
    #查找插入位置
    j = ____________
    while j> = 0 :

        if s[j][3]<r[3]:
            ____________
        else:
            break
        j = j - 1
    ____________ = r                     #插入
print("工号\t\t本月津贴")
for x in s:
    print("{:d}\t{:d}".format(x[0],x[3]))
```

8.2 实验内容

1. 改错题:求序列的最小值

1)问题描述

打开程序 sy8-4.py，程序要实现的功能为：接收输入的一组以逗号分隔的浮点数，求出这组浮点数的最小值。

2)具体要求

①输入一组浮点数，以逗号分隔。

②执行求最小值的算法，求得最小值 minf，并输出。

③下面的程序中存在三处错误，请找出并修改，使程序能够正确运行。

```
x = input().split()
x = [int(i) for i in x ]
minf = x[0]
i   = 0
while i < len(x):
    if  minf > x[i]:
        minf = x[i]
        i = i + 1
print( "最小元素 = ",minf)
```

3)运行示例

```
-20.4,-10.1,-4.3,10.85,5,9
最小元素 = -20.4
```

2. 寻找字符串中的英文字符

1)问题描述

打开程序 sy8-5. py，程序要实现的功能为：接收输入的字符串，找出其中的英文字母，不区分大小写，重复的只输出一次。

2)具体要求

①输入一个字符串，建立一个空列表 li。

②下标遍历字符串中的每一个字符，如果是英文字母，且在列表 li 中不存在，则追加到列表 li 中。

③连续输出列表 li 中的字符，不加空格，不换行。

④按要求在程序中的画线处填空，调试并运行程序。

```
a = input()
li = ______
for i in range(0, ______):#遍历字符串
    if ____________________________________________:#判断是不是英文字母
        ch = a[i]. ________        #英文字母取小写
        if ch not in li :#判断英文字母是否在列表中
            li. ________(ch)   #将新的英文字母追加到列表
for ch in li:
    print(ch, __________)     #字符连续输出,不空格,不换行
```

3)运行示例

```
d8fdj92&*DDy
dfjy
```

3. 计算总分

1)问题描述

小组成员的语文成绩和数学成绩已按学号顺序分别存放于 chinese 和 math 两个列表中：

chinese=[76,63,79,82,53,78,67],math=[88,56,78,92,69,75,82]。创建程序 sy8-6.py,程序实现的功能为:计算每位小组成员的总分、小组最高总分和小组平均总分。

2)具体要求

①先建立 chinese 和 math 两个列表,再将每个人的语文成绩和数学成绩的总分计算后放入另一个总分列表,输出总分列表。

②计算并输出小组最高总分和小组平均总分。

3)运行示例

```
每位小组成员总分:[164,119,157,174,122,153,149]
小组最高总分:174
小组平均总分:148.29
```

4 判断数字字符串最高位上的数是不是其余各位数字之和

1)问题描述

编写程序 sy8-7.py,程序要实现的功能为:对于任意输入的由数字字符组成的字符串,如果最高位上的数字等于其余各位数字之和,则显示 YES,否则显示 NO。持续执行,直到输入'quit'结束。

2)运行示例

```
请输入一个正整数:83212
YES
请输入一个正整数:97384
NO
请输入一个正整数:0x88f
NO
请输入一个正整数:972000
YES
请输入一个正整数:quit
```

5. 穷举三位数(升级版)

1)问题描述

编写程序 sy8-8.py,程序要实现的功能为:接收输入的一组数字,例如,1、5、0、2、5、1,穷举由这些数字组成的所有的无重复数字的三位数。

2)具体要求

①输入一组数字,以逗号分隔。去掉重复数字后,若不足三个则报错。

②使用这组不重复的数字进行组合,得到互不相同且无重复数字的三位数并输出。

3)运行示例

运行示例一:

```
1,5,0,2,5,1
102 105 120 125 150 152 201 205 210 215 250 251 501 502 510 512 520 521
共18个
```

运行示例二：

```
1,2,1
不足三位数
```

6. 体育特长标注

1)问题描述

小组所有成员的姓名在 group 字符串中，其中有足球和乒乓球特长的人员名单分别在 footBallGroup 和 pingpangGroup 字符串中。有足球和乒乓球特长的人员不重复。

group='鲁智深 柴进 宋江 林冲 卢俊义 孙二娘 史进 吴用 李逵'。

footBallGroup='吴用 卢俊义 鲁智深'。

pingpangGroup='林冲 孙二娘 李逵'。

编写程序 sy8-9. py，实现小组成员的体育特长的标注功能。

2)具体要求

①创建上述三个字符串。

②生成列表，其中每个元素对应每个人的名字及他(她)的特长组成的字符串。

③输出标注后的内容，以中文逗号分隔，以中文句号结束。

3)运行示例

```
鲁智深(足球)，柴进，宋江，林冲(乒乓)，卢俊义(足球)，孙二娘(乒乓)，史进，吴用(足球)，李逵(乒乓)。
```

实验 9

集合和字典

学习目标

(1)了解序列的表示和操作。

(2)了解集合和字典的表示和操作。

(3)掌握列表的遍历访问算法。

(4)掌握查找和排序算法的实现。

(5)掌握使用数据结构,集合和字典优化算法的方法。

9.1 认识集合和字典

1. 创建集合

请在 IDLE Shell 窗口中执行完成下列示例操作,观察执行结果,想一想每一个示例操作说明什么问题。

(1)示例操作一:

```
>>> s1 = {5,2,7,8,2,5,9}
>>> s1
>>> L = [5,2,7,8,2,5,9]
>>> L = list(set(L))
>>> L
    [2,5,7,8,9]
```

(2)示例操作二:

```
>>> t = 'hello'
>>> s2 = {t}
>>> s2
>>> s3 = set(t)
>>> s3
```

(3)示例操作三：

```
>>> p=[1,2,3]
>>> s3={p}
```

说明：

①集合中的元素不可重复，这个特性经常用于去除列表中的重复元素。

②对一个字符串，以字面常量{}生成集合和以构造函数 set()生成的集合是不同的。前者将字符串作为一个整体元素，后者会将字符串分解为一个个字符，且会去掉重复的元素。

③哈希(hash)是一种将相对复杂的值简化为小整数的计算方式，如果一个对象在自己的生命周期中有不可改变的哈希值(由 hash()函数确定)，那么它就是可哈希的(hashable)的。Python 语言中所有不可改变的对象都是可哈希的，如字符串、元组，而可改变的容器如字典、列表、集合都是不可哈希(unhashable)的。集合中的元素必须是可哈希的，因为其存储依赖于对象的哈希值，所有可变对象都是不可哈希的，不能作为集合的元素。

2. 集合的运算

请在 IDLE Shell 窗口中完成下列操作，并记录所用的语句。

①随机生成包含 8 个 10～20 范围内的整数的序列再转化为集合，创建这样的 2 个集合：S1 和 S2。

②分别输出集合 S1、S2 的长度、最大值和最小值。

③输出集合 S1、S2 的并集、交集和对称差集。

3. 集合的应用

集合 a、b 中存放着两组文件名，两个集合中有相同的文件名也有不同的文件名，请在 IDLE Shell 窗口中写出实现下面功能的程序。

```
a={"3-1.py","3-5.py","3-6.py","3-8.py","3-9.py"}
b={"3-1.py","3-2.py","3-6.py","3-7.py","3-8.py"}
```

①求集合 a 中存在，集合 b 中不存在的文件名。

②求集合 a 中存在与集合 b 中相同的文件名。

③求两个集合中互不相同的文件名。

④求两个集合中总共包含的文件名的个数。

4. 字典的创建

请在 IDLE Shell 窗口中完成下列操作，并回答问题。

①操作一：

```
>>>a=4
>>>d={}
>>>d[a]=10
>>>d['1']=20
```

此时执行 print(d) 的结果是：______________________________。

②操作二：

```
>>>t=1,2,3
>>>p=[1,2,3]
>>>s={1,2,3}
```

此时下面语句中执行时会出现异常的是：________________。

```
>>>q={t}
>>>r={p}
>>>w={s}
```

5. 字典的基本操作

请在 IDLE Shell 窗口中完成下列操作，并写出变量的值。

①操作一：

```
>>>d={}
>>>d[('a',)]=1
>>>d[('a','b')]=2
>>>d[('a','b','c')]=3
>>>s=0
>>>for key in d:
        s+=d[key]
```

d：________________

s：________________

②操作二：

```
>>>d1={"A":65,"B":66,"a":97,"c":99}
>>>d2=d1
>>>d2["A"]=0
>>>s=d1["A"]+d2["A"]
```

s：________________

③操作三：

```
>>>d1={"A":65,"B":66,"a":97,"c":99}
>>>d2=dict(d1)
>>>d2["A"]=0
>>>s=d1["A"]+d2["A"]
```

s：________________

思考：为什么②和③中 s 的结果会不同？

6. 字典的应用

请在 IDLE Shell 窗口中完成下列操作，并记录所用的语句。

①创建小写字母的 ASCII 码字典 d{字母:ASCII 码值}，步骤如下：

```
>>>d1=[chr(i) for i in range(97,123)]
>>>d2=[i for i in range(97,123)]
>>>d=dict(zip(d1,d2))
```

请继续在 d 中添加大写字母的 ASCII 码键值对，并输出 d。

②将字典 d 的键与值对换，生成新字典 rd{ASCII 码值:字母}。

③输出 rd 的(ASCII 码值，字母)对，要求按 ASCII 码值从小到大排序。

9.2 实验内容

1. 旅游热搜统计

1)问题描述

字典 tour 给出某段时间若干城市的旅游热搜次数：

```
tour = {'苏州':['江苏',931.79],
        '南京':['江苏',909.45],
        '广州':['广东',878.54],
        '青岛':['山东',910.54],
        '洛阳':['河南',556.81],
        '深圳':['广东',651.77]}
```

编写程序 sy9-1.py,程序要实现的功能:按省份统计旅游热搜次数。

2)具体要求

①创建字典 tour。

②建立一个新字典,格式为{省份:热搜次数},遍历字典 tour,读取省份值,如果省份在新字典的关键字中不存在,创建键值对;如果已存在,累加热搜次数。

③输入一个省份,输出统计值。

3)运行示例

```
请输入省份:
江苏
总计:1841.24
```

2. 垃圾分类

1)问题描述

列表 rubbish 保存了多组(垃圾,类别)数据,如下所示:

```
rubbish = [('果皮菜叶','湿垃圾'),('剩饭菜','湿垃圾'),('鱼骨','湿垃圾'),\
           ('废电池','有害垃圾'),('过期药品','有害垃圾'),('废灯管','有害垃圾'),\
           ('旧报纸','可回收物'),('废金属','可回收物'),('废塑料','可回收物'),\
           ('灰尘','干垃圾'),('纸巾尿布','干垃圾'),('一次性餐具','干垃圾')]
```

编写程序 sy9-2.py,程序要实现的功能:建立垃圾分类字典,输出指定类别的垃圾。

2)具体要求

①创建列表 rubbish。

②创建新字典,格式为{类别:[垃圾]}。遍历列表 rubbish,读取一组(垃圾,类别)数据,如果类别在新字典中不存在,创建新的键值对,如果已经存在,将垃圾追加到列表 rubbish 中。

③输入一个类别,输出该类别的所有垃圾。

3)运行示例

```
请输入垃圾类别:
干垃圾
```

```
输出:
纸巾尿布 灰尘 一次性餐具
```

3. 门店奖励

1)问题描述

某公司某一地区连锁门店一个月的利润保存在字符串 shopInfo 中:

```
shopInfo = "12 号店 48528 23 号店 56380 18 号店 32854 4 号店 68385 53 号店 92383 6 号店 28387 37 号店 40238 8 号店 70823"
```

打开程序 sy9-3. py,将字符串中的信息整理到二维列表中,并实现计算平均利润和各门店的奖金的功能。

2)具体要求

①创建字符串 shopInfo。

②构造并输出门店利润的二维列表,二维列表由各门店的店名及该门店的利润组成,格式为[[店名 1,利润 1],[店名 2,利润 2],[店名 3,利润 3],…]。

③计算并输出公司的平均利润。

④为利润超过平均值的门店提供奖励,奖金是超过平均值部分的 8%,计算输出得到奖金的门店名称及所得奖金(结果保留 2 位小数)。

3)运行示例

```
各店利润:[['12 号店',48528],['23 号店',56380],['18 号店',32854],['4 号店',68385],['53 号店',92383],['6 号店',28387],['37 号店',40238],['8 号店',70823]]
平均利润为:54747.25
23 号店奖金:130.62
4 号店奖金:1091.02
53 号店奖金:3010.86
8 号店奖金:1286.06
```

4. 快乐数

1)问题描述

创建程序 sy9-4. py,程序要实现的功能为:寻找指定区间中的快乐数并记录验证每个快乐数所经历的迭代次数,即为快乐数的计算次数,最后输出平均计算次数。快乐数的定义如下:从一个正整数开始,用其每位数的平方之和取代该数,并重复这个过程,直到最后数字要么收敛等于 1 且一直等于 1,要么将无休止地循环下去且最终不会收敛等于 1。能够最终收敛等于 1 的数就是快乐数。

例如,19 就是一个快乐数,计算过程如下:

$$1^2+9^2=82$$

$$8^2+2^2=68$$

$$6^2+8^2=100$$

$$1^2+0^2+0^2=1$$

2)具体要求

①输入区间下、上限 a、b($a<b$)。

②遍历区间[a,b]上的每一个整数,判断这个数是不是快乐数,如果是则追加格式为{<快乐数>:<计算次数>}的键值对到字典中,最后输出字典。

③计算并输出区间[a,b]上快乐数的平均计算次数。

3)运行示例

```
输入区间:600,700
{608: 2,617: 3,622: 5,623: 5,632: 5,635: 6,637: 5,638: 5,644: 3,649: 6,653: 6,655: 3,656: 4,
 665: 4,671: 3,673: 5,680: 2,683: 5,694: 6,700: 5}
平均计算次数为 4.4
```

4)提示

设计判断快乐数的算法时,可以利用字符串转换为列表时会分离字符的特性来完成,语注格式为 L=list(str(n))。

当循环次数达到一个很大的值时,例如 200,则可以认为这个数字不是快乐数。

5. 统计不同长度的单词个数

1)问题描述

创建程序 sy9-5. py,程序要实现的功能为:接收随机输入的一行字符串,统计其中不同长度的单词出现的次数,并输出单词的长度和对应的单词个数。以列表形式输出,按单词长度从小到大排序。

2)具体要求

①标点符号不能计入单词长度,在统计前可以将所有的标点符号置换为空格,再将字符串用空格分离为单词列表。

②创建统计字典,键值对格式为{单词长度:单词个数},遍历单词列表,依次计算每个单词的长度,使用统计字典统计不同长度的单词个数。

③获取字典键值对,按单词的长度从小到大排序,输出键值对列表,输出格式为[(单词长度,单词个数),(单词长度,单词个数),…,]。

3)运行示例

```
Welcome! Are you completely new to programming? If not then we presume you will be looking for in-
formation.
[(2,4),(3,6),(4,2),(7,3),(10,1),(11,2)]
```

6. 统计众数

1)问题描述

众数是一组数中出现次数最多的数,创建程序 sy9-6. py,程序实现的功能为:从输入的一组以半角逗号分隔的整数中找出众数,并统计其出现的次数(不考虑有多个众数的情况)。

2)运行示例

```
输入一组以半角逗号分隔的整数:
750,1080,1080,750,1080,850,960,2000,1250,1630,1080,1800,1080,2100,1080,1450,2500,560,
1080,560
众数为 1080,出现的次数为 7。
```

实验 10

模块化的程序设计

学习目标

(1)掌握函数的定义和函数的调用。

(2)理解函数调用时的数据传送机制;通过参数将主调函数的数据传递到被调函数,运用 return 语句将被调函数的处理结果返回调用处。

(3)理解自顶向下、逐步细化的模块化设计思想;学习模块化程序设计方法。

(4)理解默认参数、可变参数和匿名函数。

(5)学习递归函数的定义和调用,理解递归函数的使用。

10.1 认识 Python 语言函数的定义和调用

1. 白细胞检验判定

1)问题描述

血常规检查中白细胞计数(单位:10^9/L)的正常参考值是 4~10。输入血常规检查中白细胞的计数结果(不带单位),调用函数 judge()判断白细胞检查结果并输出。打开程序文件 sy10-1.py,按照要求完成缺失部分的代码,运行并调试。

2)具体要求

①定义 judge(wbc)函数,参数 wbc 是血常规检查中白细胞的计数结果,返回文字“未见异常”、“偏高”或“偏低”。

②主程序中反复输入白细胞的计数结果,调用 judge()函数得到判断结果并输出,当输入 quit 时结束程序。

```
def judge(wbc):


    #判断并返回结果('未见异常'、'偏高'、'偏低')
while True:
    s = input('请输入白细胞计数(E+9/L):\n')
    if s = = "quit":
```

```
        break
    print("结果:",________)
```

3)运行示例

```
请输入白细胞计数(E+9/L):
13.4
结果:偏高
请输入白细胞计数(E+9/L):
9.5
结果:未见异常
请输入白细胞计数(E+9/L):
3.2
结果:偏低
请输入白细胞计数(E+9/L):
quit
```

2. 寻找完全平方数

1)问题描述

接收用户从键盘输入的一组数据,调用函数 filterLst(L),计算并返回序列 L 中的完全平方数。打开程序文件 sy10-2.py,程序中有三处错误(语法错误或逻辑错误),请改正(不能增删行),使程序能正常运行并输出结果。

2)具体要求

①输入一组以逗号分隔的数据,并放入到列表中。

②调用函数 filterLst(L),返回完全平方数的列表,并输出结果。

```
def filterLst(L):
    outL=[]
    for x in L:
        for i in range(x+1):
            if i*i==x:
                outL.append(x)
    return L
s=input()
data=s.split()
data=[int(i) for i in data]
result=filterLst(L)
if len(result)! =0:
    print ("完全平方数有",result)
else:
    print ("无符合要求的数!")
```

3)运行示例

运行示例一:

```
1,3,5,9,8
完全平方数有 [1,9]
```

运行示例二：

```
2,6,10
无符合要求的数!
```

3. 使用递归求最大公约数

1)问题描述

递归求最大公约数的算法称为欧几里得算法，其基本思想是：用较大的数除以较小的数，再用余数去除除数，如此反复，直到余数为零，此时除数就是两个数的最大公约数。打开程序文件 sy10-3. py，按照要求补充缺失部分的代码，运行并调试。

2)具体要求

①编写函数 gcd(m,n)：如果 m%n 为 0，那么 gcd(m,n)的值为 n；否则，gcd(m,n)的值为 gcd(n,m%n)。

②调用 gcd()函数，测试 gcd()函数的正确性。

```
def gcd(m,n):
    if m % n == 0:
        ________
    else:
        return ________
x,y = input("x,y:").split(",")
x,y = int(x),int(y)
print("最大公约数是",__________)
```

3)运行示例

```
x,y:15,25
最大公约数是 5
```

10.2 认识特殊函数

1. 判断奇数

①编写一个函数 isOdd()，能够判断一个整数是不是奇数，返回 True 或 False。

```
>>> isOdd = lambda x: x % 2 == 1
```

②请写出输入一个数 x，调用 isOdd()函数判断 x 是不是奇数的程序段，并在 IDLE Shell 窗口中执行。

提示：isOdd 函数调用示例如下。

```
>>> isOdd(8)
    False
>>> isOdd(9)
    True
```

③请写出求 50～100 范围内所有奇数之和的程序段，并在 IDLE Shell 窗口中执行。

④请写出求 50～100 范围内所有偶数之和的程序段（使用 isOdd()函数实现），并在 IDLE Shell 窗口中执行。

2. 计算任意个数的乘积

阅读可变参数的 vfunc()函数，仿写出 milti()函数返回所有参数的乘积。

```
>>> def vfunc( * b):
        a = 0
        for n in b:
            a + = n
        return a
>>> vfunc(1,2,3,4,5)
    15
```

vfunc()函数定义了可变参数 b，调用 vfunc()函数时输入的(1,2,3,4,5)作为元组传递给 b，累加后输出。

3. 构造整数

1)问题描述

求由给定一组整数上的个位上的数构造的新整数并输出。打开程序文件 sy10-4.py，按照要求补充缺失部分的代码，运行并调试。

2)具体要求

①编写 lambda 函数 getLastBit()，该函数返回正整数 number 的个位上的数，例如，正整数 1234，则返回 4。

②编写可变参数的函数 makeNumber()，求任意个整数的个位上的数构成的新整数。

③输出由 45、81、673、938 这 4 个数的个位上的数构成的新整数 5138。

```
#定义 lambda 函数 getLastBit()返回一个整数的个位上的数
getLastBit = ________________________________
#定义一个可变参数的函数 makeNumber()，求任意个整数的个位上的数构成的新整数
def makeNumber( * b):
    s = 0
    ________________________________
    ________________________________
    return s
#输出(45、81、673、938)4 个数的个位上的数构成的新整数。
print("新整数是",makeNumber(45,81,673,938))
```

3)运行结果

```
新整数是 5138
```

4. 计算工资

1)问题描述

输入包含员工信息的字符串，每个员工的信息构成为(姓名，岗位，基本工资，月销售额)，

按岗位计算奖金(销售经理按月销售额的3%计算,其他员工按月销售额的1%计算),奖金加上基本工资即是月工资。员工的信息字符串为

```
A,销售经理,35000,572000;B,销售员,18000,158000;C,销售员,21500,306000
```

打开程序文件sy10-5.py,按照要求补充缺失部分的代码,调试程序并运行。

2)具体要求

①接收输入的字符串,分离生成二维列表,结构为[(姓名,岗位,基本工资,月销售额),(姓名,岗位,基本工资,月销售额),…,]

②编写map()函数,func参数为一个lambda函数,函数返回每一个员工的月工资。

③输出姓名和月工资。

```
s = [p.split(",") for p in input().split(";")  ]


salary = list(map(________________________________________________,s))


for i in range(len(s)):
    print(s[i][0],f"{salary[i]:.2f}元")
```

3)运行结果

```
A,销售经理,35000,572000;B,销售员,18000,158000;C,销售员,21500,306000
A 52160.00 元
B 19580.00 元
C 24560.00 元
```

10.3 实验内容

1.识别同构数

1)问题描述

随机输入若干不超过两位的正整数(输入-1表示输入结束),找出其中所有同构数并排序输出。(正整数n若是它的平方数的尾部,则称n为同构数。如5的平方数是25,且5是25的尾部,那么5就是一个同构数。同理,25的平方为625,25也是同构数)。打开程序文件sy10-6.py,按照要求补全缺失部分的代码,调试程序并运行。

2)具体要求

①输入时要求先判断输入数的位数(应为1或2)是否正确,并判断输入内容是不是数字,然后判断是不是同构数,输出的同构数要求从小到大排序,且不重复,结果显示在一行中,各同构数之间以空格分隔。

②函数isTgs(n)实现的功能是判断数n是不是同构数,是则返回True,不是则返回False。

③函数check(instr)实现的功能是检查instr是否合法,合法则返回True,不合法则返回False。

④函数getTgs()实现的功能是调用inputNumbers()函数输入一组合法数据,调用

filter() 函数筛选出同构数，并返回列表。

⑤函数 inputNumbers()实现的功能是输入一组数据，直到出现－1 时结束，调用 check()函数进行合法性检查后加入到一个列表中，并返回列表。

⑥函数 main()实现的功能是获取同构数，输出有序的不重复的同构数序列。

```
def isTgs(n):#判断一个数是不是同构数，是则返回 True，不是则返回 False
    m=n*n
    return str(m)[-len(str(n)):]==______________
def check(instr):#检查 instr 是否合法，合法则返回 True，不合法则返回 False。
    if len(instr)>2 or len(instr)<1:
        return False
    elif not instr.isdigit():
        return False
    else:
        ______________
def getTgs():
    #调用 inputNumbers()函数输入一组合法数据，调用 filter()函数筛选出同构数，并返回列表
    L=______________
    return list(filter(______________))

def inputNumbers():#输入一组数据，直到出现-1 时结束，
                   #调用 check()函数进行合法性检查后加入到一个列表中，并返回列表
    L=[]
    s=input().strip()
    while s!="-1":
        if ______________:
            L.append(int(s))
        s=input().strip()
    return L

def main():#调用 getTgs()函数获取一组输入的同构数，去重复后排序输出
    L=______________
    if len(L)==0:
        print("没有同构数")
    else:
        L=[str(i) for i in sorted(______________)]
        print(f"同构数有:{______________}")  #使用 join()函数构造输出数据

main()
```

3)运行示例

```
76
a9
625
5
```

```
1
76
5
15
125
25
-1
同构数有:1 5 25 76
```

2. 玫瑰数

1)问题描述

玫瑰数是 4 位数的自幂数。自幂数是指一个 n 位数,它的每个位上的数字的 n 次幂之和等于它本身。

例如,当 n 为 3 时,有$1^3+5^3+3^3=153$,153 即是 n 为 3 时的一个自幂数,3 位的自幂数被称为水仙花数。

请输出区间[a,b]上所有玫瑰数,按照从小到大的顺序,每个数字占一行。a、b 均为 4 位数,且 $a \leqslant b$。打开程序文件 sy10-7. py,按照要求补全缺失部分的代码,调试程序并运行。

2)具体要求

①isRose(n)函数要实现的功能是判断 n 是不是玫瑰数,是则返回 True,不是则返回 False。

②checkNumber(n) 函数要实现的功能是检查字符串 n 是不是 4 位数,是则返回整数 n,不是则返回-1。

③printRose(a,b)函数要实现的功能是输出区间[a,b]上所有的玫瑰数,一行输出一个玫瑰数;如果区间[a,b]上不存在玫瑰数则输出提示信息。

④main()函数要实现的功能是输入 a 和 b,如果 a 不是 4 位数,输出“第一个数不是 4 位数”;如果 b 不是 4 位数,输出“第二个数不是 4 位数”;如果 a、b 均为 4 位数,则调用 printRose()函数输出所有的玫瑰数或提示信息。

```
def isRose(n):#判断 n 是不是玫瑰数,是则返回 True,不是则返回 False
    ________________________________________
    ________________________________________
    ________________________________________
    ________________________________________
    ________________________________________

def checkNumber(n):#检查字符串 n 是不是 4 位数,是则返回整数 n,不是则返回 -1
    ________________________________________
    ________________________________________
    ________________________________________
    ________________________________________

def printRose(a,b):#输出区间[a,b]上所有的玫瑰数,不存在则输出提示信息
    n = 0
    for num in range(a,b + 1):
        if ____________:
```

```
            print(num)
            n = n + 1
    if n == 0:
        print("此区间没有玫瑰数")

def main():
    a = checkNumber(input())
    if a == -1:
        print("第一个数不是 4 位数")
        return
    b = checkNumber(input())
    if b == -1:
        print("第二个数不是 4 位数")
        return
    if a <= b:
        printRose(a,b)
    else:
        ______________

main()
```

3)运行示例

运行示例一：

```
1000
9999
1634
8208
9474
```

运行示例二：

```
3000
6000
此区间没有玫瑰数
```

3. 绝对素数

1)问题描述

绝对素数是指逆序数也是一个素数的数，且该数不是回文数。例如，17 和 71 都是素数，所以 17 和 71 都是绝对素数。

创建程序文件 sy10-8. py，进行合理的模块化设计实现程序功能：输出前 20 个绝对素数，每行显示 10 个，且每列右对齐。

2)运行结果

```
 13    17    31    37    71    73    79    97   107   113
149   157   167   179   199   311   337   347   359   389
701   709   733   739   743   751   761   769   907   937
941   953   967   971   983   991  1009  1021  1031  1033
```

4. 查询创新项目获奖情况

1)问题描述

在程序内的列表 Data 中,存放着一批大学生创新项目评分数据,每个创新项目的信息都保存在子列表中,包括"项目名"、"团队名",以及"项目原创性"、"商业前景"、"团队能力"的单项得分数据。计算每个团队的创新项目所获得的奖项,并提供奖项查询。打开程序文件 sy10-9.py,按照要求补全缺失部分的代码,调试程序并运行。

2)具体要求

①编写函数 getAward(),要求函数有一个列表形参,用于接收某创新项目除了"项目名"和"团队名"以外的单项得分数据,计算并返回该创新项目所获奖项。函数按"项目原创性"占40%、"商业前景"占30%、"团队能力"占30%的比例计算综合评分,若综合评分在90(含)以上,奖项为一等奖,若综合评分为85(含)~90,奖项为二等奖,其余为优胜奖,并返回奖项。

②主程序接收输入的需查询的奖项(只考虑本题的3种奖项),读取列表 Data,利用函数 getAward()对每个创新项目进行评奖,按要求查询,并输出"团队名"(宽度为10位)及"所获奖项"(宽度为8位),两列数据间以制表符分隔(按默认顺序输出)。

```
#在下方填写定义函数 getAward()的代码
________________________________________
________________________________________
________________________________________
________________________________________
________________________________________
________________________________________
________________________________________
________________________________________
________________________________________
#主程序
Data=[
      ['项目名1','刘达团队',83,85,90],
      ['项目名2','王平团队',90,92,93],
      ['项目名3','张魏国团队',85,90,80],
      ['项目名4','丁且伟团队',88,85,80],
      ['项目名5','李想团队',66,78,80],
      ['项目名6','章青海团队',76,80,82],
      ['项目名7','赵明光团队',90,89,95],
      ]
a=input("请输入需查询的奖项(一等奖、二等奖或优胜奖):\n")
print("满足查询要求的结果为:")
print("{:10}\t{:8}".format("团队名","所获奖项"))
```

```
#在下方继续填写主程序代码
________________________________________________________________
________________________________________________________________
________________________________________________________________
        print("{:10s}________".format(________)) #表体输出语句
```

3)运行示例

```
请输入需查询的奖项(一等奖、二等奖或优胜奖):
优胜奖
满足查询要求的结果为:
团队名          所获奖项
丁且伟团队      优胜奖
李想团队        优胜奖
章青海团队      优胜奖
```

实验 11

文　件

学习目标

(1)理解并掌握文件的操作函数。

(2)掌握按文件的访问流程读入数据和输出数据的方法。

(3)掌握批量数值数据的内存存储结构构造方式,能够从文件中读入批量数值数据到内存存储。

(4)了解批量结构数据的内存存储结构构造方式和读取操作。

(5)掌握将批量数据保存到文本文件中的基本方法。

11.1 认识文本文件

本节的任务在 IDLE Shell 窗口中完成,素材文件请先存放在一个固定的目录下,如 C:\sample 目录,文件名使用绝对路径。

1. 活动信息文件的创建和维护

①在 C 盘的 sample 文件夹中创建 test.txt 文件(sample 文件夹已存在)。

```
>>> f = open(r"C:\sample\test.txt","w")
```

②在 test.txt 文件中写入 2 条记录,返回的 32 和 34 表示写入的字符个数。

```
>>> f.write("2014-1-21,东方艺术中心,晚 19:30,维也纳儿童合唱团")
    32
>>> f.write("\n2014-11-3,大学生活动中心,晚 18:00,信息学院毕业晚会")
    34
```

③读取 test.txt 文件的内容,先要关闭以创建方式打开的文件,再以只读方式打开文件。

```
>>> f.close()
>>> f = open(r"C:\sample\test.txt","r")
>>> print(f.read())
    2014-1-21,东方艺术中心,晚 19:30,维也纳儿童合唱团
    2014-11-3,大学生活动中心,晚 18:00,信息学院毕业晚会
```

④再次逐条读取记录。

```
>>> f.seek(0)          #重新定位到文件的开头
    0
>>> print(f.readline())
    2014-1-21,东方艺术中心,晚 19:30,维也纳儿童合唱团

>>> print(f.readline())
    2014-11-3,大学生活动中心,晚 18:00,信息学院毕业晚会
>>> print(f.readline())
```

⑤增加一条记录,以追加方式重新打开 test.txt 文件。

```
>>> f.close()
>>> f = open(r"C:\sample\test.txt","a")
>>> f.write("2014-11-20,实验 A 楼 213,早 8:00,计算机考试")
    30
>>> f.read()                #对以追加方式打开的文件不能进行读取操作
    Traceback (most recent call last):
      File "<pyshell#33>",line 1,in <module>
        f.read()
    io.UnsupportedOperation: not readable
```

⑥以"a+"方式打开 test.txt 文件,读取记录。

```
>>> f.close()
>>> f = open(r"C:\sample\test.txt","a+")
>>> f.read()            #以追加方式打开,文件当前位置在文件的末尾,所以读不到内容
    ''
>>> f.seek(0)
    0
>>> print(f.read())
    2014-1-21,东方艺术中心,晚 19:30,维也纳儿童合唱团
    2014-11-3,大学生活动中心,晚 18:00,信息学院毕业晚会
    2014-11-20,实验 A 楼 213,早 8:00,计算机考试
>>> f.close()
```

2. 实数文件的统计

source.txt 文件中存放了若干个实数,每行 5 个,以 Tab 键分隔,求其中的最大值、最小值和所有正数之和。假设 source.txt 文件存放在 C:\sample 目录下。

①以只读方式打开 source.txt 文件,调用 fread()函数读入全部数据,返回字符串,再调用 split()方法分离返回列表对象,赋值给 L1。

```
>>> f = open("C:\\sample\\source.txt")
>>> L1 = f.read().strip().split()
```

```
>>> L1
    ['-23.53','-23.78','-20.15','-5.35','-45.91','-43.24','47.07','-17.11',
    '-10.41','-37.99','-42.09','5.32','111.03','-42.47','-15.72','-28.87',
    '-17.57','47.7','32.63','-411.58','-31.42','19.1','39.16','17.31','37.2',
    '-15.03','-35.81','23.89','43.35','47.81','44.46','18.24']
>>>f.close()
```

②将列表 L1 中的元素逐个转换为浮点类型。

```
>>> L1 = [float(L1[i]) for i in range(len(L1))]
>>> L1
    [-23.53,-23.78,-20.15,-5.35,-45.91,-43.24,47.07,-17.11,-10.41,-37.99,
    -42.09,5.32,111.03,-42.47,-15.72,-28.87,-17.57,47.7,32.63,-411.58,-31.42,
    19.1,39.16,17.31,37.2,-15.03,-35.81,23.89,43.35,47.81,44.46,18.24]
```

③求列表 L1 中的最大值、最小值。

```
>>> max(L1),min(L1)
    (47.81,-46.58)
```

④求列表 L1 中所有正数之和。使用 filter()函数过滤生成正数列表 L2,再使用 sum()函数求和。

```
>>> L2 = list(filter(lambda x:x>0,L1))
>>> L2
    [47.07,5.32,111.03,47.7,32.63,19.1,39.16,17.31,37.2,23.89,43.35,47.81,44.46,18.24]
>>> sum(L2)
    439.27
```

3. 修改歌词

文本文件 song.txt 中是歌曲《今天是你的生日》的歌词,其中有错误,请进行修改,将修改后的歌词显示在屏幕上,并保存在另一个文件中。文件修改效果如图 11-1 所示。

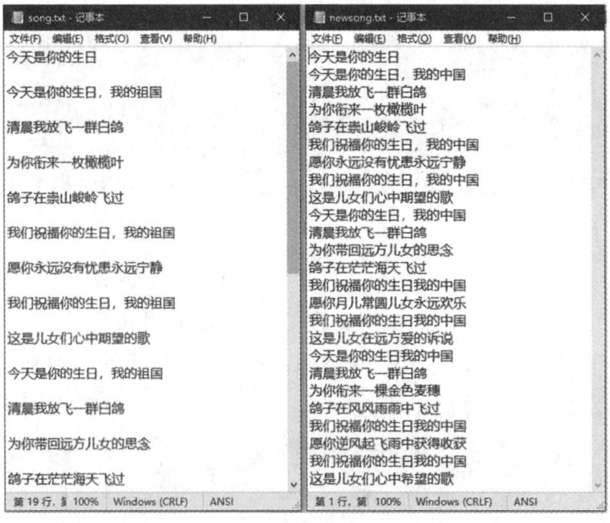

图 11-1　歌词文件修改效果对比图

修改要求如下。

①每句歌词后只保留一个回车符,请删除多余的回车符。

②将歌词中“祖国”改为“我的中国”。

部分操作提示如下。

①打开 song.txt 文件,使用 read()函数将全文读入一个字符串变量 s 中。

```
>>> f = open("c:\\sample\\song.txt")
>>> s = f.read()
>>> s
    '今天是你的生日\n\n今天是你的生日,我的祖国\n\n清晨我放飞一群白鸽\n\n为你衔来一枚橄榄叶\n\n鸽子在崇山峻岭飞过\n\n我们祝福你的生日,我的祖国\n\n愿你永远没有忧患永远宁静\n\n我们祝福你的生日,我的祖国\n\n这是儿女们心中期望的歌\n\n今天是你的生日,我的祖国\n\n清晨我放飞一群白鸽\n\n为你带回远方儿女的思念\n\n鸽子在茫茫海天飞过\n\n我们祝福你的生日,我的祖国\n\n愿你月儿常圆儿女永远欢乐\n\n我们祝福你的生日,我的祖国\n\n这是儿女在远方爱的诉说\n\n今天是你的生日,我的祖国\n\n清晨我放飞一群白鸽\n\n为你衔来一棵金色麦穗\n\n鸽子在风风雨雨中飞过\n\n我们祝福你的生日,我的祖国\n\n愿你逆风起飞雨中获得收获\n\n我们祝福你的生日,我的祖国\n\n这是儿女们心中希望的歌'
```

②从字符串 s 的显示中可以看到,每行结尾有两个“\n”,需要修改为一个“\n”,再将“中国”修改为“祖国”。字符串替换可以使用字符串对象的 replace()方法完成。

```
>>> s = s.replace("\n\n","\n")
>>> s = s.replace('祖国','中国')
```

注意:字符串本身是不可修改的,replace()方法是返回一个新的字符串对象,重新赋值给 s。

4. 考核评定

1)问题描述

某职校对学员进行网络工程师岗位技能考核,考核成绩由网络理论、网络组网实践和网络安全实践三部分成绩构成,考核评定的规则如下:

①后两门实践课都达到 60 分,且总分达到 180 分为合格;

②每门课达到 80 分,且总分达到 255 分为优秀;

③总分不到 180 分或有任意一门实践课不到 60 分则为不合格。

学员的考核成绩已经汇总到 students.txt 文件中,每行为一位学员的考核成绩信息,依次为考号、网络理论成绩、网络组网实践成绩和网络安全实践成绩。

请对该文件中的学员的考核成绩信息进行评定,给出优秀、合格、不合格的评定结果,按每行一条记录(考号,评定结果)写到一个新文件中,评定结果如图 11-2 所示。

2)算法分析

编写一个函数,根据三门课的考核成绩评定结果,输入参数为一位学员的三门课成绩列表,返回评定结果:优秀、合格或不合格。在主程序中从文件中逐条读入学员的成绩记录,调用函数做考核评定。创建一个字符串变量,构造新文件的内容。

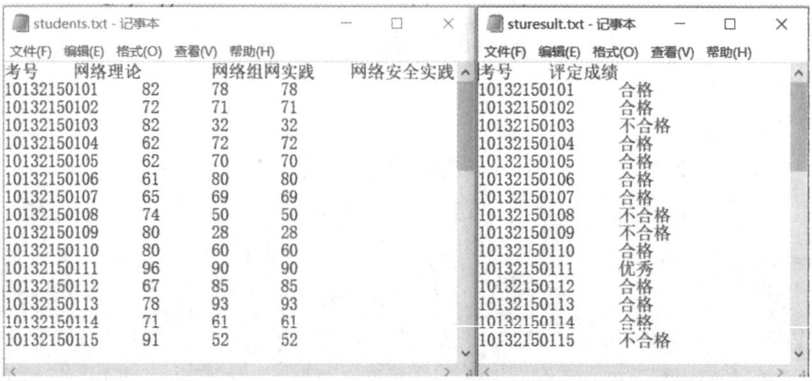

students.txt - 记事本

考号	网络理论	网络组网实践	网络安全实践
10132150101	82	78	78
10132150102	72	71	71
10132150103	82	32	32
10132150104	62	72	72
10132150105	62	70	70
10132150106	61	80	80
10132150107	65	69	69
10132150108	74	50	50
10132150109	80	28	28
10132150110	80	60	60
10132150111	96	90	90
10132150112	67	85	85
10132150113	78	93	93
10132150114	71	61	61
10132150115	91	52	52

sturesult.txt - 记事本

考号	评定成绩
10132150101	合格
10132150102	合格
10132150103	不合格
10132150104	合格
10132150105	合格
10132150106	合格
10132150107	合格
10132150108	不合格
10132150109	不合格
10132150110	合格
10132150111	优秀
10132150112	合格
10132150113	合格
10132150114	合格
10132150115	不合格

图 11-2　学员考核成绩与评定结果对比图

函数设计：

函数名：judge
输入参数：列表 L(三门课成绩)
返回值：字符串(“优秀”“合格”“不合格”)
算法：
如果每门课达到 80 分，且总分达到 255 分，则返回“优秀”
　　否则，如果后两门实践课都达到 60 分，且总分达到 180 分则返回“合格”
　　　　否则返回“不合格”

主程序算法设计：

1 创建输出字符串对象 s，初值为标题
2 打开文件 students.txt 赋值给文件对象 fin
3 使用 readlines 读入数据到列表 L，元素为一行字符串
4 删除列表的第一个元素：标题行
5 循环迭代访问列表 L 中的元素 line
　　5.1 将按空格分离得到的列表赋值给 line
　　5.2 将一个学生的考号拼接到 s，以 Tab 键分隔
　　5.3 调用函数计算评定成绩，拼接到 s
　　5.4 以回车结束一行
6 创建结果文件 sturesult.txt 赋值给文件对象 fout
7 将 s 写入文件对象 fout

3)程序实现代码(FL11.1.py)

```
def judge(L):
    if L[0]>=80 and L[1]>=80 and L[2]>=80 and sum(L)>=255:
        return '优秀'
    elif L[1]>=60 and L[2]>=60 and sum(L)>=180:
        return '合格'
    else:
        return '不合格'
```

```
def main():
    s = '考号\t评定成绩\n'
    with open("students.txt","r") as fin:
        L = fin.readlines()
        del L[0]
        for line in L:
            line = line.split()
            s  += line[0] + '\t'
            s  += judge([int(line[i]) for i in range(1,len(line))])
            s  += '\n'
    print(s)
    with open("sturesult.txt","w")as fout:
        fout.write(s)

main()
```

5. 计算马拉松邀请赛平均成绩

1)问题描述

文件 marathon.txt 中存放着某城市举办的国际马拉松邀请赛历届比赛成绩,每行为每届比赛前五位选手的比赛成绩(小时:分钟:秒),数据间的分隔符为 Tab 键。计算并输出每届比赛的前五位选手的平均成绩(以小时:分钟:秒的形式表示,秒数值保留一位小数),比赛年度和成绩之间以 Tab 键相隔。同时统计并显示平均成绩快于 2:10:30 的年度赛事次数。

程序运行结果如下:

```
年度平均成绩
2019 年 2:9:35.0
2018 年 2:10:10.8
2017 年 2:10:411.8
2016 年 2:12:23.4
2015 年 2:10:49.0
平均成绩快于 2:10:30 的年度赛事有 2 次。
```

2)算法设计

编写函数,输入参数为一组含有字符型数据的列表(某届比赛各位选手的比赛成绩),通过函数计算并返回该组数据的平均成绩(通过整除和求余操作,先将各比赛成绩换算到秒后计算平均成绩(1 h=3 600 s,1 min=60 s),然后将结果换算成对应的小时、分钟和秒,以数值型列表形式返回[h,m,s])。

函数设计:

```
函数名:calcAvg
输入参数:L为一组含有字符型数据的列表(某届比赛前五位选手的比赛成绩)
返回值:平均成绩数值型列表 [h,m,s]
```

算法设计：

```
1 total 清零
2 循环迭代访问 L 中的每一个成绩 score
    2.1 将 score 分离为 h、m、s
    2.2 将 h、m 换算为秒，与 s 一起累加到 total
3 求平均值 avgS，单位为秒
4 将 avgS 换算回 hour、minute、second
5 返回列表[hour,minute,second]
```

主程序读取 marathon.txt 内的数据，将每行数据中的比赛成绩构建成字符型数据列表，利用函数 calcAvg()，计算平均成绩。统计平均成绩快于 2:10:30 的年度赛事次数。

```
1 打开文件 marathon.txt，文件对象赋值给 File
2 将文件内容按行读入 scores 数组，并过滤空行
3 计数器清零
4 循环迭代访问 scores 中第 2 行开始的每一行
    4.1 分离 lineInfo 返回列表 Lst
    4.2 调用 calcAvg()函数求平均值
    4.3 输出年度平均成绩
    4.4 如果年度平均成绩小于 2:10:30，计数器加 1
5 输出平均成绩快于 2:10:30 的年度赛事次数
```

3)程序实现(FL11-2.py)

```
def calcAvg(L):
    total = 0     # 以秒为单位的总时间
    for score in L:
        h,m,s = score.split(":")
        total += int(h) * 3600 + int(m) * 60 + int(s)
    avgS = total/(len(L))
    second = avgS % 60
    tmp = avgS//60
    minute = tmp % 60
    hour = tmp//60
    return hour,minute,second

def main():
    print ("年度\t 平均成绩")
    with  open("marathon.txt") as File:
        scores = File.read().split("\n")
        scores = list(filter( lambda x :len(x)>0,scores)) # 删除空行
        count = 0
        for lineInfo in scores[1:]:
            Lst = lineInfo.split()
            hh,mm,ss = calcAvg(Lst[1:])
            print(f"{Lst[0]}\t{int(hh)}:{int(mm)}:{ss:.1f}")
```

```
        #统计平均成绩快于 2:10:30 的年度
        if hh * 3600 + mm * 60 + ss < 2 * 3600 + 10 * 60 + 30:
            count += 1
    print(f"平均成绩快于 2:10:30 的年度赛事有{count}次。")

main()
```

11.2 实验内容

1. 诗歌格式处理

1)问题描述

文本文件 poem.txt 中存放着若干行英文诗，各行英文诗之间有空行。请隔行读取该文件的内容(过滤空行)并全部转成大写字母后再标准输出显示，然后统计文件中的字符个数(不含回车键)并输出。创建程序文件 sy11-1.py，实现所需功能。

文本文件 poem.txt 内容如下：

```
Heartbeats fast

Colors and promises

How to be brave

How can I love when I'm afraid to fall
```

2)运行结果

```
HEARTBEATS FAST
COLORS AND PROMISES
HOW TO BE BRAVE
HOW CAN I LOVE WHEN I'M AFRAID TO FALL
```

2. 统计文本文件的行数和字符数

1)问题描述

文本文件 abc.txt 中存放着若干行字符串，编程实现程序功能：读入文本文件 abc.txt，统计文件的行数和字符数(不计回车符)并输出。

创建程序文件 sy11-2.py，实现所需功能。文本文件 abc.txt 内容如下：

```
Hello
World!
Hi!
Computer
Good afternoon
Bye
```

2)运行结果

```
行数为 6,字符数为 39
```

3. 气温数据统计

1)问题描述

假设一年的日最高气温数据存放在 temperatures. txt 文件中,每行 10 个,编写程序统计并输出一年的高温(最高温度为 35 ℃或更高)天数、舒适(最高温度为 10~35 ℃)天数及寒冷(最高温度低于 10 ℃)天数,最后显示平均温度。

创建程序文件 sy11-3. py,实现所需功能。

2)运行结果

```
高温天数为 63,舒适天数为 162,寒冷天数为 140,平均气温为 19.3 摄氏度
```

4. 统计总评成绩

1)问题描述

文本文件 stu_score. txt 中存放着某班学生的计算机成绩,有学号、平时成绩、期末成绩三列。请根据平时成绩占 40%,期末成绩占 60%的比例计算总评成绩(取整数时,为简单起见,直接转 int,不需四舍五入),并输出。每个学生的信息占一行,每行包括学号和总评成绩两列,中间用 Tab 键分隔。

创建程序文件 sy11-4. py,实现所需功能。文本文件 stu_score. txt 内容如下:

```
10101611101 75 69
10101611102 52 45
10101611103 81 76
10101611104 77 71
10101611105 78 73
```

2)运行结果

```
10101611101 71
10101611102 47
10101611103 78
10101611104 73
10101611105 75
```

5. 找出平均分最高的学生

1)问题描述

文本文件 student_score. txt 中存放着某班所有学生的学号和三门课的成绩,每个学生的信息占一行,每行 4 列,分别对应学生的学号和该学生三门课的成绩,各列之间以 Tab 键分隔。请编程,找出其中三门课平均分最高的学生,并输出该学生的学号和平均分。

创建程序文件 sy11-5. py,实现所需功能。

2)运行结果

```
平均分最高的同学的学号为 10132150111,平均分为 92
```

6. 词频统计

1)问题描述

读入一个文本本件 freedom. txt,自动生成一个词汇表,计算每一个单词在文件中出现的次数,并将词汇表输出到一个文件中保存。注意:判断单词时不区分大小写,例如,let 和 Let 是一个单词,都转换为小写后处理。创建程序文件 sy11-6. py,实现所需功能。

freedom. txt 的内容摘选自马丁·路德·金的演讲稿《我有一个梦想》,如图 11-3 所示。

```
Let freedom ring from the mighty mountains of New York !
Let freedom ring from the heightening Alleghenies of Pennsylvania !
Let freedom ring from the snowcapped Rockies of Colorado !
Let freedom ring from the curvaceous slops of California !
But not only that ; let freedom ring from Stone Mountain of Georgia !
Let freedom ring from Lookout Mountain of Tennessee !
Let freedom ring from every hill and molehill of Mississippi !
From every mountainside , let freedom ring !
```

图 11-3 原文内容

2)运行结果

运行结果如图 11-4 所示。

```
file name:freedom.txt
Word frequency table:

alleghenies     1    and             1    but            1
california      1    colorado        1    curvaceous     1
every           2    freedom         8    from           8
georgia         1    heightening     1    hill           1
let             8    lookout         1    mighty         1
mississippi     1    molehill        1    mountain       2
mountains       1    mountainside    1    new            1
not             1    of              7    only           1
pennsylvania    1    ring            8    rockies        1
slops           1    snowcapped      1    stone          1
tennessee       1    that            1    the            4
york            1
```

图 11-4 运行结果

处理后得到的词汇表如图 11-5 所示。

```
Word frequency table:
alleghenies     1    and             1    but            1
california      1    colorado        1    curvaceous     1
every           2    freedom         8    from           8
georgia         1    heightening     1    hill           1
let             8    lookout         1    mighty         1
mississippi     1    molehill        1    mountain       2
mountains       1    mountainside    1    new            1
not             1    of              7    only           1
pennsylvania    1    ring            8    rockies        1
slops           1    snowcapped      1    stone          1
tennessee       1    that            1    the            4
york            1
```

图 11-5 处理后得到的词汇表

3)提示

分离单词前,先将文件中的标点符号等特殊字符替换为空格。统计前,将所有字母转换为小写,使用集合可以删除重复的单词,获取词汇表。按词汇表进行循环再计数。count()函数可以统计数据项的个数。

7. 身份证号解析

1)问题描述

已知客户文本文件 customer. txt 中有两列数据:姓名和身份证号。计算客户的年龄和性别,按每行一条记录(姓名、性别、年龄)的格式写到新文件中。

2)具体要求

①请自行查阅从身份证号中提取年龄和性别的方法及Python语言获取系统时间的方法,根据当前系统日期计算实足年龄。图11-6中的实足年龄是根据日期2019-11-23计算得到的。

②编写一个函数getXb(s),参数s是一个身份证号字符串,返回值为“男”或“女”。

③编写一个函数getNl(s),参数s是一个身份证号字符串,返回值为整数数据的年龄。

④主程序中访问文件,逐条获取客户的身份证号信息,调用函数getXb(s)和getNl(s)获取性别和年龄的信息,写入新文件中。

创建程序文件sy11-7.py,实现所需功能,处理后结果如图11-6所示。

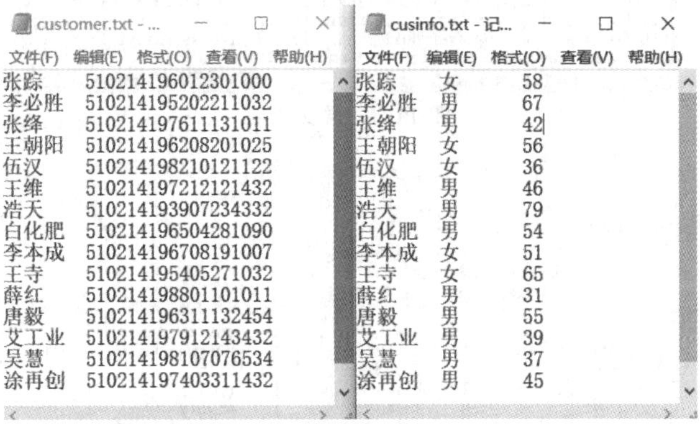

张踪	510214196012301000
李必胜	510214195202211032
张绛	510214197611131011
王朝阳	510214196208201025
伍汉	510214198210121122
王维	510214197212121432
浩天	510214193907234332
白化肥	510214196504281090
李本成	510214196708191007
王寺	510214195405271032
薛红	510214198801101011
唐毅	510214196311132454
艾工业	510214197912143432
吴慧	510214198107076534
涂再创	510214197403311432

张踪	女	58
李必胜	男	67
张绛	男	42
王朝阳	女	56
伍汉	女	36
王维	男	46
浩天	男	79
白化肥	男	54
李本成	女	51
王寺	女	65
薛红	男	31
唐毅	男	55
艾工业	男	39
吴慧	男	37
涂再创	男	45

图11-6 客户文件和处理后的结果文件对比

8. 文件复制

1)问题描述

创建程序文件sy11-8.py,实现文件复制的功能,将一个已经存在的文件复制到指定目录。

2)具体要求

①原文件和新文件的名称(包含目录)在程序运行时由用户输入。

②要考虑原文件和新文件在不同目录的情况。

③检查原文件是否存在,如果不存在,给出错误提示。

④如果新文件已经存在,需要给出用户提示询问是否覆盖,用户同意后继续,否则放弃复制。

3)运行示例

运行示例一:

```
输入原文件名:C:\sample\cusinfo.txt
输入目标文件名:C:\sample\newcusinfo.txt
文件复制成功!
```

运行示例二:

```
输入原文件名:C:\smaple\cuseinfo.txt
输入目标文件名:C:\sample\newfile.txt
原文件不存在
```

运行示例三：

```
输入原文件名:C:\sample\cusinfo.txt
输入目标文件名:C:\sample\newcusinfo.txt
目标文件已存在,是否覆盖该文件?(Y/N)Y
文件复制成功!
```

提示:os 模块提供了 os.path.exists(文件名)的方法来检查文件是否存在。

9. 随机实验数据文件

1)问题描述

创建一个 1 000 人的随机数据实验文件,文件中的每一行(一个人的信息)由姓名、性别、年龄、身高、体重组成。利用实验数据文件进行健康分析。创建程序文件 sy11-10.py,实现利用随机实验数据文件进行 BMI 值计算的功能。

2)具体要求

①创建一个有 1 000 行数据的文件 health.txt,第 *i* 行的姓名假设为 name*i*,性别随机生成为男或女,年龄随机生成为 18～60 的整数。

如果为男性,身高生成为 1.55～1.95 的浮点数,保留 2 位小数,体重生成为 55～100 的浮点数,保留 1 位小数;如果为女性,身高生成为 1.45～1.80 的浮点数,保留 2 位小数,体重生成为 40～80 的浮点数,保留 1 位小数。

②创建程序文件 sy11-9.py,实现随机实验数据文件创建的功能。

③读取文件 health.txt,编写一个程序,计算所有人的 BMI 值。

④将肥胖的人员记录写入一个新文件 alert.txt 中。

⑤分男、女统计平均年龄、平均身高、平均体重。根据 BMI 值统计健康体重比例(18.5≤BMI＜24 为健康体重)。统计结果显示在屏幕上。

(3)随机实验数据文件示例如图 11-7 所示。

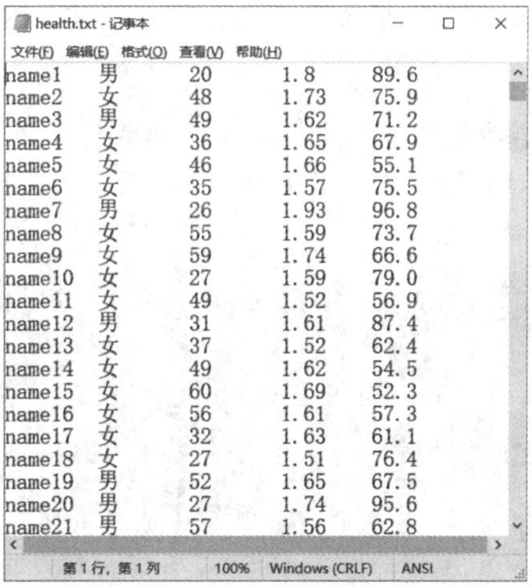
health.txt - 记事本
文件(F) 编辑(E) 格式(O) 查看(V) 帮助(H)

name1	男	20	1.8	89.6
name2	女	48	1.73	75.9
name3	男	49	1.62	71.2
name4	女	36	1.65	67.9
name5	女	46	1.66	55.1
name6	女	35	1.57	75.5
name7	男	26	1.93	96.8
name8	女	55	1.59	73.7
name9	女	59	1.74	66.6
name10	女	27	1.59	79.0
name11	女	49	1.52	56.9
name12	男	31	1.61	87.4
name13	女	37	1.52	62.4
name14	女	49	1.62	54.5
name15	女	60	1.69	52.3
name16	女	56	1.61	57.3
name17	女	32	1.63	61.1
name18	女	27	1.51	76.4
name19	男	52	1.65	67.5
name20	男	27	1.74	95.6
name21	男	57	1.56	62.8

第 1 行，第 1 列 100% Windows (CRLF) ANSI

图 11-7 随机实验数据文件示例

10. 写诗机

1)写诗机 1

编写一个程序 sy11-10.py,实现写诗机的功能。写诗机的灵感来自于 20 世纪 60 年代风靡欧美的小游戏 Mad Libs。程序运行时,用户可以按要求输入一些词,程序将用户输入的词填入一个准备好的文本的空格处,一首新的诗歌就诞生了。用户事先不知道原文是什么,按照所输入的词得到的结果可能是非常有趣的。

例如,下面是包含了哈姆雷特独白的输入文件 hamlet.txt,每一对尖括号中的内容均为用户要填空的内容。

```
<verb1>或<verb2>, 这是个问题:
是否应默默地忍受<adjective>命运之无情打击,
还是应与深如大海之<noun>苦难奋然为敌,并将其克服。
此二抉择, 究竟是哪个较崇高?
```

要求编写程序读入此文件,将尖括号包含处按用户的输入填空后并显示。此处显示的是一次运行的结果。

```
动作 1:program
动作 2:not program
形容词:random
名词:bugs
program 或 not program,这是个问题:
是否应默默地忍受 random 命运之无情打击,
还是应与深如大海之 bugs 苦难奋然为敌,并将其克服。
此二抉择,究竟是哪个较崇高?
```

2)写诗机 2

改写 sy11-10.py,提升其通用性,可以对任意一个文件进行填空,由用户输入原文件名,这样可以得到更多不同的诗。

提示:可以将填空的内容也安排在文件中读入,供程序自动处理。如原文件 treeman.txt 内容如下所示。当然也可以按自己的想法设计文件格式以适应独特的算法设计。

```
3
<adjective1>:填入一个形容街灯的词,后面不加"的",如昏暗、昏黄、幽静、寂寞等
<adjective2>:填入一个形容树的词,后面不加"的",如枯萎、干枯、死亡、健壮等
<author>:作者
《<adjective1>的街灯》
            <author>
<adjective1>的街灯灵感似的闪了一下
我们的视觉把一个男人从墙角揪了出来
他躺在那里
像一棵<adjective2>的冬青树
```

第一行表示需填空的个数为 3,后面紧跟 3 个填空的描述,描述由两部分构成:前面是文中的替换词如<adjective1>,后面是输入时对用户的提示,设计以冒号分隔。填空描述完之后出现的是带空的正文。

运行示例如下：

```
2
输入文件名:treeman.txt
填入一个形容街灯的词,后面不加"的",如昏暗、昏黄、幽静、寂寞等:
炫目
填入一个形容树的词,后面不加"的",如枯萎、干枯、死亡、健壮等:
张牙舞爪
作者:
皓月

《炫目的街灯》
皓月
炫目的街灯灵感似的闪了一下
我们的视觉把一个男人从墙角揪了出来
他躺在那里
像一棵张牙舞爪的冬青树
```

实验 12

面向对象的程序设计

学习目标

(1)了解 Python 语言面向对象编程的基本方法。

(2)掌握简单类的定义和对象操作的方法。

(3)理解__init__()方法的含义、作用与执行过程。

(4)理解类继承的概念,能够定义和使用类的继承关系。

12.1 认识类的创建和继承

1.类的定义和对象的创建

定义一个矩形类,要求其有计算周长、面积及显示图形等方法(功能),并依据该类创建对象进行简单的测试。

1)分析

此处讨论的矩形为非倾斜矩形,即矩形四边都处于水平或竖直方向,因而只要确定其左上角和右下角的 x(水平)、y(竖直) 坐标即可,故该矩形类包含四个数据成员(属性):left、top(左上角坐标)、right、bottom(右下角坐标),考虑采用__init__( )特殊方法对数据成员赋值,用方法 getPerimeter()、getArea()、draw()分别实现计算周长、面积和显示图形等功能。

2)程序实现(sy12-1.py)

```
#定义 Rectangle 类
class Rectangle:
    def __init__(self,x1,y1,x2,y2):
        self.left = x1
        self.top = y1
        self.right = x2
        self.bottom = y2
        #获取矩形的长和宽
self.length = self.right-self.left
```

```
        self.width = self.bottom-self.top
    def getPerimeter(self):
        perimeter = 2 * (self.length + self.width)
        return perimeter
    def getArea(self):
        area = self.length * self.width
        return area
def draw(self):
        print ("左上角:(%d,%d),右下角:(%d,%d)"
              %(self.left,self.top,self.right,self.bottom))
        print ("[此处画出本矩形!]")
#创建对象并测试
rec1 = Rectangle(2,3,12,8)
print ("rec1 的图形是:")
rec1.draw()
print ("rec1 的周长是:",rec1.getPerimeter())
print ("rec1 的面积是:",rec1.getArea())
```

3)思考

①程序中的 Rectangle 类采用__init__( )方法对数据成员(属性)赋值,若不采用该特殊方法,那如何处理这些数据成员(属性),又如何获取矩形的长和宽?

②程序中的 draw( )方法只是进行了象征性的处理,若想显示出矩形图形,可尝试采用 print 语句"画出"矩形的大致图形。请如此创建矩形对象并测试。

2. 类的继承

某高校打算用现代信息技术管理教学事务,作为练习,现要求创建教师和学生相关的类,并进行简单测试。

1)分析

教师和学生有很多共同的属性,如姓名、性别和出生日期等,此外他们还拥有一些不同的属性,如教师有职称、薪水、教学任务等;学生有学费、所学课程成绩等。虽然可以分别为师生创建两个独立的类进行处理,但每增加一个共同的属性就意味着在两个类中都要同时增加该属性,考虑到学校还有其他工作人员,人员之间都具有相同的属性,若都分开创建独立的类,将会使系统臃肿不堪,并且极可能产生不相容的情况。一个好的方法是创建一个基类 Member,然后让教师和学生类分别继承它,成为 Member 的子类,当系统扩展加入许多其他类型的人员时,只要使其他类型的人员类继承 Member 基类,并添加自己特有的属性和方法即可。这样,可以大大提高类的处理效率。

2)程序实现(sy12-2.py)

```
#定义基(父)类
class Member:
    def setInfo(self,xm,xb,lb):
        self.name = xm
        self.gender = xb
```

```
        self.type = lb          #type表示人员类别(lb)
    def show(self):
        print(self.name,self.gender,self.type)
#定义教师类
class Teacher(Member):
    def __init__(self,xm,xb,lb):
        Member.setInfo(self,xm,xb,lb)
        self.lecture = []          #所教课程
    #方法setLecture()输入教师所教的课程
    def setLecture(self):
        Lectures = input("请输入" + self.name + "所教课程(空格分隔,回车结束)")
        for t in Lectures.split():
            self.lecture.append(t)
    def show(self):
        Member.show(self)
        print("所教课程有:",self.lecture)
#定义学生类
class Student(Member):
    def __init__(self,xm,xb,lb):
        Member.setInfo(self,xm,xb,lb)
        self.course = []          #所学课程
        self.score = []          #所学课程对应的成绩
    #方法setScore()输入学生所学课程和成绩
    def setScore(self):
        Courses = input("请输入" + self.name + "所学课程(空格分隔,回车结束)")
        for t in Courses.split():
            self.course.append(t)
        Scores = input("请输入所学课程对应的成绩(空格分隔,回车结束)")
        for t in Scores.split():
            self.score.append(int(t))
    def show(self):
        Member.show(self)
        print("所学课程为",self.course,"对应成绩为",self.score)
#创建对象并测试
t1 = Teacher("张明","男","教师")
t1.setLecture()
t1.show()
s1 = Student("李丽","女","学生")
s1.setScore()
s1.show()
```

对所建类进行测试时,可以先创建一个教师对象t1,同时用基本信息(比如“张明、男、教师”)初始化该对象,然后根据该对象的情况输入具体信息(数据自拟),接着测试t1对象显示的信息是否正确;同理,创建学生对象 s1,同时用基本信息(比如“李丽、女、学生”)初始化对象,然后根据 s1 对象的情况输入具体信息(数据自拟),接着测试 s1 对象显示的信息是否正确。

3)思考

如何利用基类 Member 定义其他子类,比如图书管理人员、安保人员等?请编写代码来实现。

12.2 实验内容

1. Point(点)类

定义一个简单的 Point 类:点的位置由屏幕水平坐标 x 与竖直坐标 y 表示,要求用合适的方法初始化点的起始位置,然后定义一个方法 move()实现点的移动,再定义一个方法 show()显示当前点的坐标。创建一个对象验证方法的正确性。

请在下面程序(sy12-3. py)的画线处填入代码,达成题目要求。

```
#定义 Point 类
class Point:
    def __init__(self,x1,y1):         #初始化点的起始位置
        self.x = __________
        self.y = __________
    def move(self,dx,dy):        #在水平方向上移动 dx,在竖直方向上移动 dy
        __________ = dx
        __________ = dy
    def show(self):
        print ("现在点的位置为:(%d,%d)"%(self.x,self.y))
#创建对象并测试
p1 = ____________        #创建一个 Point 对象 p1,起始位置为(2,3)
p1.show()
______________         #对象 p1 在水平方向上移动 5,在竖直方向上移动 6
print ("移动后情况")
p1.show()
```

2. Car(汽车)类

创建一个简单的 Car 类:用变量 id 和 curSpeed 分别表示车牌号和当前车速,用方法 changeSpeed()实现改变汽车速度的功能,用方法 stop()实现停车的功能。创建一个对象,并进行简单测试。

请在下面程序(sy12-4. py)的画线处填入代码,达成题目要求。

```
#定义 Car 类
class Car:
    def __init__(self,num,speed = 0):
        self.id = num
        self.curSpeed = speed
```

```
    # getID()方法获取车牌号
    def getID(self):
        return ________
    # getCurSpeed ()方法获取当前车速
    def getCurSpeed(self):
        return ________
    def changeSpeed(________ , ________):
        self.curSpeed = newSpeed
    def stop(self):
        self.curSpeed = 0

#创建对象并测试
c1 = Car("沪A15672")
print ("车牌号为" + c1.getID() + "的车起始车速是:",c1.getCurSpeed())
c1.changeSpeed(80)
print (c1.getID() + "变速后,当前车速是:", ________)
c1.stop()
print (c1.getID() + "停车后,当前车速是:",c1.getCurSpeed())
c2 = Car("沪B65679",20)
print ("车牌号为" + c2.getID() + "的车起始车速是:",c1.getCurSpeed())
```

3. Account(账户)类

设计一个可以实现基本银行存储业务的Account类,包括的变量有账号(id)和账户余额(balance),包括的方法有存款(deposit())、取款(withdraw())和显示余额(display())。程序命名为sy12-5.py。要求定义Account类,创建Account类的对象,完成对象的初始化(赋予对象账号和初始存款信息),并利用该对象进行存款、取款和显示账户余额等操作。

4. 员工月薪计算

假设某一小公司打算采用现代信息手段进行人员管理。该公司现有人员有经理(manager)、技术人员(technician)和销售人员(salesman)。试用类的继承和相关机制编程(sy12-6.py)实现如下功能:

①人员基本信息的显示;

②计算并显示员工月薪(月薪计算方法:经理拿保底月薪10 000元;技术人员按每小时50元领取月薪;销售人员的月薪按当月销售额的8%提成)。

提示:设计一个基类Employee(员工),用来描述所有员工的共同属性,该类应有姓名、性别、职位、薪水等基本信息,并应提供一个显示员工基本信息的方法showInfo()。经理、技术人员和销售人员对应的类都继承Employee类,并添加各自的属性(经理增加“保底月薪”属性,技术人员增加“月工作时间”属性,销售人员增加“月销售额”属性),根据月薪计算方法,编程实现各自月薪的计算方法calcSalary()。

5. 出租车费计算

定义Taxi(出租汽车)类,并创建一个对象tx1,该对象根据乘客所乘的车程收取出租车费。请编写程序(sy12-7.py)实现以上功能。

提示：Taxi 类可以从第 2 题的 Car 类继承而成为 Car 类的子类，然后添加 Taxi 类自身的方法：setUnitPrice()（定义每千米单价）和 charge()（收取出租车费）。setUnitPrice()方法接收传入的参数 dj（单价）并将其赋值给对象属性 unitprice（出租车费单价），charge()接收乘客所乘的车程参数 distance，经处理后（处理方式自拟），要求乘客付费。为配合模拟，在 Taxi 类中添加 getOn()方法，该方法内容为 print（"乘客上车！"）。

模拟场景：对象 tx1 载乘客上车，车（tx1）启动前进，过了一段时间后到达目的地，tx1 刹车，然后 tx1 调用 charge()方法，收取乘客的出租车费。

第二部分

拓展模块

实验 13

高维数据格式

学习目标

(1)理解高维数据格式的含义。

(2)掌握 CSV 文件的读取、写入和分析处理方法。

(3)掌握 JSON 格式数据的分析和处理方法。

(4)掌握 XML 文件的读取和解析方法。

高维数据指一维以上的数据,如表格,它可以看成由行与列组成的二维数据。相比一维数据,高维数据的分析与处理难度更高,维数太高时通常需要先进行降维处理。

本实验主要学习三种常用的文本数据格式 CSV、JSON 和 XML,这些格式在信息的表示、传输、存储中十分常用,被大量的应用程序所使用和支持,同时这些格式也内含对高维数据的支持。

13.1 CSV 文件的读取与分析

本节的任务在 IDLE Shell 窗口中完成,素材文件请先存放在一个固定的目录下,如 C:\sample 目录,文件名使用绝对路径描述。

1. 使用常规文件操作方法创建和读取 CSV 文件

CSV 文件与普通文本文件差别不大,只是 CSV 文件采用一种特殊的格式存放数据,文件中各行用换行符分隔,行中列与列之间用逗号分隔。CSV 文件的创建、读取和写入与普通文本文件一致。

①在 C 盘 sample 文件夹中创建 test1. csv 文件(sample 文件夹已经存在),并写入标题及 2 条记录。

```
#FL13-1-1.py
f = open("c:\\sample\\test1.csv","w")
head = "name,age,sex,phone"
```

```
line1 = "张三,29,男,11111111"
line2 = "李四,21,男,22222222"
print(head,file = f)   # 将 head 内容写入参数 file 指定的文件
print(line1,file = f)
print(line2,file = f)
f.close()
```

写入成功的CSV文件可以用记事本查看，也可以用Excel软件打开，打开后还可以另存为xls或xlsx格式。

②读取test1.csv文件的内容，并在标准输出上显示。

```
#FL13-1-2.py
f = open("c:\\sample\\test1.csv")
text = f.read()
print(text)
f.close()
```

运行结果如下：

```
name,age,sex,phone
张三,29,男,11111111
李四,21,男,22222222
```

2.使用csv模块创建和读取CSV文件

除了以普通文件方式操作CSV文件外，Python语言还提供了csv模块，可以很方便地创建、修改一个CSV文件。其中，csv模块的reader和writer对象可用于读取和写入序列。

①使用csv模块创建CSV文件。

```
#FL13-1-3.py
import csv
csvfile = open("c:\\sample\\test2.csv","w",newline = '')#打开文件写
try:
    writer = csv.writer(csvfile)#构造 writer 对象
    writer.writerow(("name","age","sex","phone"))#写入标题行
    writer.writerow(("张三","29","男","11111111"))#写入数据行
    writer.writerow(("李四","21","男","22222222"))
finally:
    csvfile.close()#关闭文件
```

以上程序(FL13-1-3.py)中，通过csv模块的writer()方法构造一个writer对象，并使用writer对象的writerow()方法来写入数据文件，注意该方法的参数是一个元组或列表，写入时元组或列表中的每个元素将作为一行中的一个字段，字段间默认用逗号分隔。如果要使用其他行分隔符，在构造writer对象时要使用delimiter参数指定。

注意：程序在使用open()函数打开文件时，需要指定参数newline='',如果不指定，用writerow()方法写入时，会添加空行。

程序运行后，就会在C:\sample目录下生成与test1.csv相同内容的test2.csv文件。

②使用 csv 模块读取 CSV 文件并显示。

```
#FL13-1-4.py
import csv
csvfile = open("c:\\sample\\test2.csv")
lines = csv.reader(csvfile)          #生成 reader 对象
for line in lines:                   #从 reader 对象中遍历各行
    print(line)                      #line 对应 row 对象,是包含行中各字段的列表
csvfile.close()
```

以上程序(FL13-1-4.py)中,用 csv 模块的 reader()方法构造 reader 对象,该对象是一个包含文件各行内容的列表,类似用文件对象的 readlines()方法得到的列表,但与之不同的是列表中的元素不再是行对应的字符串,而是包含一行中各个字段的列表,称为 row 对象。程序会循环遍历 reader 对象中的各个 row 对象并在标准输出上打印。

运行结果如下:

```
['name','age','sex','phone']
['张三','29','男','11111111']
['李四','21','男','22222222']
```

13.2 JSON 格式数据的处理

1. JSON 格式数据

JSON 作为一种轻量级的数据格式,经常被用于数据交换和输出处理。JSON 的主要类型包括字符串、值、对象和数组,JSON 的字符串需用双引号包裹,而 JSON 对象类似 Python 语言的字典,由键值对组成,不同的是 JSON 对象中元素的键要求是字符串。

①下面是一个 JSON 对象的例子。它包括 3 个元素,其中最后一个元素(序号为 2)的值是一个数组。

```
{
        "name":"网站",
        "num":3,
        "sites":["Google","Runoob","Taobao"]
}
```

②下面也是一个 JSON 对象的例子。该 JSON 对象包含一个元素,键是 employees,值是一个数组,该数组包含 3 个元素,每个元素都是 JSON 对象,包含 2 个元素。

```
{"employees":[{"firstName":"John","lastName":"Doe"},
              { "firstName":"Anna","lastName":"Smith"},
              {"firstName":"Peter","lastName":"Jones"}]}
```

2. 使用 json 模块处理 JSON 格式数据

Python 语言使用 json 模块来处理 JSON 格式的数据。json 模块包含在 Python 标准库中,不需要额外安装。使用时需要用 import 语句载入 json 模块。

①使用 json 模块来处理 JSON 格式数据。

```
#FL13-2-1.py
import json
jsonString = '{"arrayOfNums":[{"number":0},{"number":1},{"number":2}],\
             "arrayOfFruits":[{"fruit":"apple"},{"fruit":"banana"},{"fruit":"pear"}]}'
jsonObj = json.loads(jsonString) #载入 JSON 字符串,返回字典对象
print(jsonObj.get("arrayOfNums")) #获取字典中 key 为 arrayOfNums 的值(该值为数组)
#获取字典中 key 为 arrayOfNums 的值(数组)的第 1 个元素(该元素为字典对象)
print(jsonObj.get("arrayOfNums")[1])
#获取字典中 key 为 arrayOfNums 的值(数组)的第 1 个元素(字典对象)中 key 为"number"的值
print(jsonObj.get("arrayOfNums")[1].get("number"))
```

以上程序(FL13-2-1.py)中,loads()方法返回的是一个由参数类型决定的 Python 对象(指去除最外层引号后的实际对象类型,这里是字典对象),该对象由 JSON 字符串中的键值对构成,可通过键名来获得相应的值。

注意:载入字符串用 loads()方法,载入文件则用 load()方法,该方法的参数是一个 JSON 格式的文件对象。

②JSON 文件的读取。

JSON 格式的文件读取有以下两种方法。

方法一　先将文件(文件名为 stus.json,在实验素材文件夹中)读取到一个字符串中,再用 loads()方法载入字符串并生成 JSON 对象。

```
#FL13-2-2.py
import json
f = open('stus.json',encoding = 'utf-8')   #该 JSON 文件的编码格式是 utf-8,指定用这种编码格式
                                           #来打开文件
content = f.read() #使用 loads()方法需要先读文件
jsonObj = json.loads(content)
print(jsonObj )    #打印 JSON 对象(jsonObj)的字符串表示
```

方法二　直接用 load()方法载入文件并生成 JSON 对象。

```
#FL13-2-3.py
import json
f = open('stus.json',encoding = "utf-8")
jsonObj = json.load(f)     #直接载入文件对象
print(jsonObj )
```

13.3　XML 文件的读取与分析

XML 是一种常用的使用标签来组织互联网信息内容的标记语言,与 HTML 相比,表达更灵活,非常适合标准化传输数据。Python 语言提供了 xml.dom.minidom 模块可以将 XML

文件解析为文档对象模式(document object model,DOM)树,其核心是按树形结构处理数据。DOM解析器读入XML文件并在内存中建立一棵"树",该树各节点和XML各标记完全对应,接口通过操纵此"树"来处理XML中的文件。

有一个文件名为"直辖市.xml"的XML文件:

```
<? xml version="1.0" encoding="utf-8" ?>
<country>
  <province name="直辖市">
    <city name="北京"></city>
    <city name="上海"></city>
    <city name="天津"></city>
    <city name="重庆"></city>
  </province>
</country>
```

要求使用Python语言的xml.dom.minidom模块对该文档进行解析,统计该文档包含的我国直辖市的信息并输出。

参考代码如下:

```
#FL13-3-1.py
import xml.dom.minidom
def get_citys(f):
    doc=xml.dom.minidom.parse(f)
    citys=[]
    provinces=doc.getElementsByTagName('province') #获取标签为province的元素
    for item in provinces:
        entry={'province':'','citys':[]}
        province=item.getAttribute('name') #获取province的属性name的值
        entry['province']=province
        for city in item.getElementsByTagName('city'): #获取标签为city的元素
            city=city.getAttribute('name') #获取city的属性name的值
            entry['citys'].append(city)
        citys.append(entry)
    return citys
#主程序
f=open("直辖市.xml")
L=get_citys(f)
print(L)
```

运行结果如下:

```
[{'province':'直辖市','citys':['北京','上海','天津','重庆']}]
```

13.4 实验内容

1. CSV 文件操作综合实验

北方甲市和南方乙市某一年 1～12 月的月平均气温如表 13-1 所示。

表 13-1 月平均气温统计表

月平均气温/℃		月份											
		1	2	3	4	5	6	7	8	9	10	11	12
城市	北方甲市	−18	−15	0	10	24	28	30	30	25	12	5	−10
	南方乙市	5	16	20	25	30	35	38	38	35	30	20	15

表中的数据已放入两个字典变量，格式如下：

```
city1 = {1: - 18,2: - 15,3:0,4:10,5:24,6:28,7:30,8:30,9:25,10:12,11:5,12: - 10}
city2 = {1:5,2:16,3:20,4:25,5:30,6:35,7:38,8:38,9:35,10:30,11:20,12:15}
```

按以下要求编程。

①编写程序文件 sy13-1. py，将这两个城市的月平均气温数据写入一个 CSV 文件中，文件名为 city_temp. csv，格式如下：

```
城市,月份 1,月份 2,…,月份 12
北方甲市,- 18,- 15,…,- 10
南方乙市,5,16,…,15
```

②编写程序文件 sy13-2. py，利用①中 CSV 文件的数据，求这两个城市的月平均最高和最低气温分别出现在几月份，分别是多少摄氏度。

③编写程序文件 sy13-3. py，利用①中 CSV 文件的数据，求这两个城市哪个月的温差最大，差多少摄氏度。

④某一农作物，生长周期为 7 个月，要求月平均气温 20 ℃以上(含 20 ℃)，编写程序文件 sy13-4. py，利用①中 CSV 文件的数据，判断这两个城市是否满足该农作物的生长要求。

2. JSON 格式数据处理综合实验

请编写 Python 程序 sy13-5. py，读取 CSV 文件操作综合实验的①中已经生成的 CSV 文件 city_temp. csv，将数据构造成为 JSON 字符串的形式并在标准输出中显示，每个城市对应一个 JSON 字符串。

输出结果如下：

```
北方甲市:{1: - 18,2: - 15,3: 0,4: 10,5: 24,6: 28,7: 30,8: 30,9: 25,10: 12,11: 5,12: - 10}
南方乙市:{1: 5,2: 16,3: 20,4: 25,5: 30,6: 35,7: 38,8: 38,9: 35,10: 30,11: 20,12: 15}
```

3. XML 文件解析综合实验

文件 citys. xml(该文件在实验素材中)中以 XML 格式存放了我国各省/自治区的主要地

级市信息。请编写程序 sy13-6.py(对应功能①)和 sy13-7.py(对应功能②),使用 Python 的 xml.dom.minidom 模块对该文档进行解析,完成以下功能。

①统计浙江省的地级市有几个,分别是哪些城市。

②统计我国哪个省/自治区的地级市最多,输出数量和各地级市的名称(如果符合要求的省/自治区不止一个,找到第一个符合要求的省即可)。

实验 14

Python 语言的数据库操作

学习目标

(1)了解 Python 语言的数据库编程的基本方法。

(2)掌握 Python 语言创建 SQLite3 数据库和数据表的基本操作。

(3)掌握 Python 语言在 SQLite3 数据表中添加数据和修改数据的操作。

(4)掌握 Python 语言对 SQLite3 数据表进行数据查询的基本方法。

14.1 用 Python 语言操作 SQLite3 数据库

1. SQLite 简介

SQLite 是一种嵌入式数据库,它将整个数据库(包括定义、表、索引及数据本身)作为一个单独的、可跨平台使用的文件存储在主机中。SQLite 是使用 C 语言开发的,体积很小,经常被集成到各应用程序中,目前通行的版本是 SQLite3。Python 语言就内置了 SQLite3 模块,该模块提供了一个与 DB-API 2.0 规范兼容的 SQL 接口,不需要安装和配置服务,支持使用 SQL 语句来访问数据库。

SQLite3 每个数据库完全存储在单个磁盘文件中,一个数据库就是一个文件,通过直接复制数据库文件就可以实现数据库的备份。

SQLite3 支持五种数据类型,如表 14-1 所示。

表 14-1　SQLite3 支持的数据类型

数据类型	含义
null	空值,如同 Python 语言的 None
integer	整数
real	浮点数

续表

数据类型	含义
text	文本字符串
blob	二进制大对象,例如,图片、音乐、ZIP 文件等

实际上,SQLite3 也可接收 varchar(n)、char(n)、decimal(p,s)、date 和 datetime 等数据类型,只是 SQLite3 在处理它们时,要先将它们转换为自身支持的五种数据类型中相应的类型。

若要对 SQLite 数据库进行可视化管理,可选用 PyCharm、SQLiteStudio、SQLite Expert-Personal Edition、SQLite Database Browser 或其他工具。

2. Python 语言操作 SQLite3 数据库的主要步骤

①导入 sqlite3 模块,代码如下:

```
import sqlite3
```

②创建或连接数据库,并返回连接对象,代码如下:

```
conn = sqlite3.connect( "数据库文件名.db" )
```

“数据库文件名. db ”文件为一个 SQLite3 数据库。若“数据库文件名. db ”文件不存在,则会在当前目录下创建该数据库;若该文件存在,则打开该数据库。

如果想要将数据库创建在内存中,则只需将“数据库文件名. db ”文件的文件名改成特殊名称 memory 即可。

③通过连接对象打开游标,代码如下:

```
curs = conn.cursor()
```

④使用游标执行 SQL 语句。

⑤关闭游标,代码如下:

```
curs.close()
```

⑥关闭数据库,代码如下:

```
conn.close()
```

3. 创建数据表

SQLite3 数据库支持 SQL 语句(不区分大小写),创建数据表的 SQL 语句如下:

```
create table 数据表名(
    列(字段)1 datatype  primary key,
    列(字段)2 datatype,
    列(字段)3 datatype,
    …
    列(字段)n datatype,
)
```

关键字 create table 表示创建一个数据表,datatype 为数据类型(见表 14-1),关键字

primary key 表示主键。

表 14-2 是一个二维表的示例。

表 14-2　Student 数据表

Sno	Name	Gender	Major
S110677	张山	男	信息学
S130586	李斯	女	英语
S113965	王武	男	信息学
S112872	张榴慧	女	信息学
S125571	孙琪	男	数学
S155573	张合	男	物理

对关系数据库而言，一个关系 R 对应一张二维表，每个关系都有一个关系名(数据表名)，比如表 14-2 对应的是一个 Student 关系。二维表中的一行，在数据库中也称记录，如 Student 数据表中的一行是一个学生记录。二维表中的一列，在数据库中也称字段，如 Student 数据表有 4 个属性：Sno(学号)、Name(姓名)、Gender(性别)和 Major(专业)。数据库中某列(字段)的取值可以有限定，如 Student 数据表中属性 Gender 的域为“男”或“女”。

候选关键字可以唯一标识一组属性集(不含多余属性)，候选关键字又称候选码或候选键。一个关系中可以有多个候选关键字。若一个关系中有多个候选关键字，可选择其中一个作为主关键字，在数据库中称为主键或关键键、主码，每一个关系有且仅有一个主关键字。如在 Student 数据表中，Sno(学号)可以唯一确定一个学生，故为 Student 数据表的主关键字(主码或主键)。

SQLite3 创建 Student 数据表的 SQL 语句：

```
create table Student(
    Sno text   primary key        not null,
    Name text                     not null,
    Gender text                   not null,
    Major text                    not null
    )
```

语句中的 not null 为约束，表示在表中创建记录时这些字段不能为 null。

由于 SQLite3 允许存入数据时忽略底层数据列实际的数据类型，故在创建数据表的 SQL 语句中可省略数据列后的类型声明。例如，创建 Student 数据表，用如下 SQL 语句也是允许的：

```
create table Student(
        Sno   primary key ,
        Name ,
        Gender ,
        Major
)
```

通过使用游标的 execute()方法执行 SQL 语句，就可以对数据库执行相关操作。

【例 14-1】 用 Python 语言创建数据库 myDB. db，并在该数据库中创建结构如表 14-2 所示的 Student 数据表空表。

```
# 导入 sqlite3 模块
import sqlite3
# 创建或连接数据库
conn = sqlite3.connect('myDB.db')
# 获取游标
curs = conn.cursor()
# 执行 SQL 语句创建数据表
curs.execute('''
    create table Student(
    Sno text primary key,
    Name text,
    Gender text,
    Major text)
''')
# 关闭游标
curs.close()
# 关闭连接
conn.close()
```

代码运行后，在当前路径创建了数据库文件 myDB. db，并在该数据库文件中创建了结构如表 14-2 所示的 Student 数据表的空表。

当某数据表创建后，若再次运行创建该数据表的 SQL 语句，系统会报错。为了在后续创建数据表时，避免重复创建已有的数据表，可使用如下 SQL 语句：

```
create table  if not exists 数据表名(
    列(字段)1 datatype  primary key,
    列(字段)2 datatype,
    列(字段)3 datatype,
    …
    列(字段)n datatype,
)
```

以上 SQL 语句在执行时，若指定的数据表不存在，则创建该数据表，若指定数据表存在，则不再创建该数据表。

4. 在数据表中插入记录

SQLite3 的 insert into 语句用于向数据库的某个数据表中添加新的数据行。insert into 语法如下：

```
insert  into 数据表名 [(列 1,列 2,列 3,…,列 n)]  values (数值 1,数值 2,数值 3,…,数值 n)
```

若要为数据表中所有列添加数据，也可以不指定列名称，但要确保数据的顺序与列在数据表中的顺序一致。语法如下：

```
insert  into  数据表名  values(数值1,数值2,数值3,…,数值n)
```

例如,若在myDB.db的Student数据表中添加一条记录(Sno为'S110677',Name为'张山',Gender为'男',Major为'信息学'),则SQL语句如下:

```
insert  into  Student(Sno,Name,Gender,Major)  values('S110677','张山','男','信息学')
```

也可以使用如下语句:

```
insert  into  Student  values  ('S110677','张山','男','信息')
```

此外,在SQLite3中也可以使用占位符"?",如上述语句也可以采用下面的表示方式:

```
游标对象.execute('insert into Student values(?,?,?,?)',('S110677','张山','男','信息'))
```

由于Python语言的SQLite3数据库DB-API默认是开启事务的,因此当数据库中的数据进行更改(如插入数据、修改数据、删除数据等)时,除了使用游标的execute()方法执行相关SQL语句外,还必须调用连接对象的commit()方法来提交事务,否则对数据的更改不会生效。

【例14-2】 在Student数据表中插入一条记录(Sno为'S110677',Name为'张山',Gender为'男',Major为'信息学')。

```
#导入sqlite3模块
import sqlite3
# 创建或连接数据库
conn = sqlite3.connect('myDB.db')
# 获取游标
curs = conn.cursor()
# 执行SQL语句插入一条记录
curs.execute('insert into Student values(?,?,?,?)',('S110677','张山','男','信息学'))
#必须提交事务
conn.commit()
# 关闭游标
curs.close()
# 关闭连接
conn.close()
```

代码运行后,在Student数据表中插入一条记录。

SQLite3还可以使用executemany()方法重复执行同一条SQL语句,使用executemany()方法比循环使用execute()方法执行多条SQL语句效率高。

【例14-3】 在Student数据表中插入表14-2中的第2~第6条记录。

```
#导入sqlite3模块
import sqlite3
# 创建或连接数据库
conn = sqlite3.connect('myDB.db')
# 获取游标
curs = conn.cursor()
```

```
# 执行 SQL 语句插入多条记录
curs.executemany('insert into Student values(?,?,?,?)',
                (('S130586','李斯','女','英语'),
                ('S113965','王武','男','信息学'),
                ('S112872','张榴慧','女','信息学'),
                ('S125571','孙琪','男','数学') ,
                ('S155573','张合','男','物理'))
                )
conn.commit()
# 关闭游标
curs.close()
# 关闭连接
conn.close()
```

第 8 行语句调用 executemany()方法重复执行一条 insert 语句，此时该方法的第 2 个参数是一个元组，该元组的每个元素都执行 insert 语句一次，在执行 insert 语句时，这些元素为该语句中的“?”占位符提供具体的数值。

5. 简单查询

SQLite3 的 select 语句用于查询 SQLite3 数据库表中的数据，以结果表的形式返回数据，这些结果表也被称为结果集。

SQLite3 的 select 语句的基本语法如下：

```
select 列 1,列 2,…,列 n  from 数据表名[where 条件语句]
                                [order by 列名 [asc|desc]]
```

若要获取所有可用列(字段)数据，可以使用下面语法：

```
select * from 数据表名  [where 条件语句][order by 列名 [asc|desc]]
```

select 语句的 where 子句用于指定从一个数据表或多个数据表中获取数据的条件(可以使用比较运算符或逻辑运算符指定条件，比如，＞、＜、＝、not 等)，where 子句不仅可以用在 select 语句中，也可以用在 update、delete 等语句中。

select 语句的 order by 子句用于指定查询结果的排序要求，可以基于一个或多个列按升序(asc)或降序(desc)排列数据，系统默认为升序排列(此时，asc 可以省略)。

要获取查询的结果数据，可以使用游标对象的 fetchone()方法(从结果中获取一条记录，返回一个元组，并将游标指向下一条记录)、fetchmany()方法(从结果中获取多条记录)和 fetchall()方法(从结果中获取所有记录，返回一个二维列表)。

【例 14-4】 在 Student 数据表中查询所有数据，并在屏幕显示查询结果。

```
#导入 sqlite3 模块
import sqlite3
# 创建或连接数据库
conn = sqlite3.connect('myDB.db')
# 获取游标
curs = conn.cursor()
#调用执行 select 语句查询数据
```

```
curs.execute('select * from Student')
# 通过游标的 description 属性获取列信息
for col in (curs.description):
    print(col[0],end = '\t')
#在列表名和记录之间画条分隔线(线条格式和长度自拟)
print('\n' + "=" * 36)
while True:
    # 获取一行记录,每行数据都是一个元组
    row = curs.fetchone()
    # 如果抓取的 row 为 None,退出循环
    if not row :
        break
    print(row)
# 关闭游标
curs.close()
# 关闭连接
conn.close()
```

运行结果如下：

```
Sno         Name         Gender        Major
======================
('S110677','张山','男','信息学')
('S130586','李斯','女','英语')
('S113965','王武','男','信息学')
('S112872','张榴慧','女','信息学')
('S125571','孙琪','男','数学')
('S155573','张合','男','物理')
```

【例 14-5】在 Student 数据表中查询专业为“信息学”的所有学生的数据,查询结果按学号升序显示。

```
#导入 sqlite3 模块
import sqlite3
#创建或连接数据库
conn = sqlite3.connect('myDB.db')
# 获取游标
curs = conn.cursor()
# 调用执行 select 语句查询数据
sql_1 = "select * from Student where Major = '信息学' order by Sno"
curs.execute(sql_1)
# 通过游标的 description 属性获取列信息
for col in (curs.description):
    print(col[0],end = '\t')
print('\n' + "=" * 36)
```

```
recordSet = curs.fetchall()
for row in recordSet:
    print (row)
# 关闭游标
curs.close()
# 关闭连接
conn.close()
```

运行结果如下：

```
Sno          Name         Gender          Major
= = = = = = = = = = = = = = = = = = = =
('S110677','张山','男','信息学')
('S112872','张榴慧','女','信息学')
('S113965','王武','男','信息学')
```

6. 修改和删除数据

SQLite 的 update 语句用于修改数据表中已有的记录。可以使用带有 where 子句的 update语句来更新符合条件的行。update 语句的基本语法如下：

```
update  数据表名  set  列 1 = 数值 1,列 2 = 数值 2,…,列 n = 数值 n[where 条件]
```

SQLite 的 delete 语句用于删除数据表中已有的记录。可以使用带有 where 子句的 delete 语句来删除符合条件的行，否则所有记录都会被删除。delete 语句的基本语法如下：

```
delete  from 数据表名 where 条件
```

【例 14-6】在 Student 数据表中将“李斯”的专业改为“音乐”，并删除“孙琪”的记录。

```
#导入 sqlite3 模块
import sqlite3
#创建或连接数据库
conn = sqlite3.connect('myDB.db')
# 获取游标
curs = conn.cursor()
# 执行 update 语句，将“李斯”的专业改为“音乐”
sql_1 = "update Student set Major = '音乐' where Name = '李斯'  "
curs.execute(sql_1)
conn.commit()

print ("更新后数据表中所有数据如下:")
sql_2 = "select * from Student"
recordSet = curs.execute(sql_2)  #获取查询结果集，可省去再使用 curs.fetchall()
for row in recordSet:
    print (row)
```

```
# 执行 delete 语句,删除"孙琪"的记录
sql_1 = "delete from Student where Name = '孙琪'  "
curs.execute(sql_1)
conn.commit()

print ("删除相关数据后,数据表中所有数据如下:")
recordSet = curs.execute(sql_2)
for row in recordSet:
    print (row)

# 关闭游标
curs.close()
# 关闭连接
conn.close()
```

运行结果如下:

```
更新后数据表中所有数据如下:
('S110677','张山','男','信息学')
('S130586','李斯','女','音乐')
('S113965','王武','男','信息学')
('S112872','张榴慧','女','信息学')
('S125571','孙琪','男','数学')
('S155573','张合','男','物理')
删除相关数据后,数据表中所有数据如下:
('S110677','张山','男','信息学')
('S130586','李斯','女','音乐')
('S113965','王武','男','信息学')
('S112872','张榴慧','女','信息学')
('S155573','张合','男','物理')
```

7. 执行一段 SQL 脚本

sqlite3 模块的游标对象包含了一个 executescript(SQL 脚本) 方法,虽然该方法不是一个标准的 DB-API 方法(可能在其他数据库 API 模块中没有这个方法),但是它却很实用,常常用于执行一段 SQL 脚本。

【例 14-7】 执行一段 SQL 脚本,要求在数据库 myDB. db 中创建一个 Course(课程)数据表和 Score(学生成绩)数据表。

Course 数据表的列为课程编号(主键)、课程名、学分(integer 类型)。

Score 数据表的列为学号、课程编号、成绩(integer 类型)。

数据表创建后,再在每个数据表中各添加 1 条记录。

代码如下:

```
#导入 sqlite3 模块
import sqlite3
```

```
#创建或连接数据库
conn = sqlite3.connect('myDB.db')
# 获取游标
curs = conn.cursor()

#调用 executescript()方法执行一段 SQL 脚本
curs.executescript('''
    create table Course(课程编号 text primary key,
                        课程名  text,
                        学分    integer);
    insert into  Course  values('C11001','计算机导论',2);
    create table  Score(学号 text,
                        课程编号 text,
                        成绩    integer);
    insert into Score  values('S110677','C11001',86);
    ''')
conn.commit()
recordSet = curs.execute("select * from Course")
print ("新建的 Course 数据表中所有数据如下:")
for row in recordSet:
    print (row)

recordSet = curs.execute("select * from Score ")
print ("新建的 Score 数据表中所有数据如下:")
for row in recordSet:
    print (row)

# 关闭游标
curs.close()
# 关闭连接
conn.close()
```

程序运行后，在数据库 myDB.db 中创建了 Course 数据表和 Score 数据表，并显示查询结果如下：

```
新建的 Course 数据表中所有数据如下:
('C11001','计算机导论',2)
新建的 Score 数据表中所有数据如下:
('S110677','C11001',86)
```

8. 从文本文件导入批量数据

有时候，需要从文本文件将批量数据导入数据库，此时，应先创建对应的数据表(若数据库中已有对应的数据表，则无须重建)，然后从文本文件读取数据，根据格式进行相应处理后，将数据插入对应的数据表中。

【例 14-8】从文本文件导入批量数据示例。

当前目录下有文本文件 file1. txt(行数据间以英文逗号分隔)和 file2. txt(行数据间以 Tab 键分隔),结构分别对应数据库 myDB. db 中的数据表 Course 和数据表 Score,内容分别如图 14-1 和图 14-2 所示。

```
C11002,多媒体技术与应用,2
C11003,计算机综合实践,1
C11004,数据库原理及应用,2
C11005,计算机新技术讲座,1
C31001,艺术概论,2
C31002,曲式与作品分析,2
C31003,和声学,2
C31004,形体与舞蹈,1
C52001,材料科学基础,2
```

图 14-1 file1. txt 文件内容

```
S110677 C11002  78
S110677 C11003  80
S130586 C31004  68
S130586 C31002  82
S130586 C31003  92
S112872 C31004  76
S113965 C11004  52
S113965 C11002  72
S130586 C31001  91
```

图 14-2 file2. txt 文件内容

将两文件中的数据导入数据库的代码如下:

```
#定义显示查询结果的函数 showRecords()
def showRecords(cursor,sql):  #参数 cursor;sql 表示游标和 SQL 查询语句
    cursor.execute(sql)
    for col in (cursor.description):
        print(col[0],end = '\t')
    print('\n' + "-" * 36)
    recordSet = cursor.fetchall()
    for row in recordSet:
        print (row)

#导入 sqlite3 模块
import sqlite3
#创建或连接数据库
conn = sqlite3.connect('myDB.db')
# 获取游标
curs = conn.cursor()
# 执行 SQL 语句
curs.execute('''
    create table if not exists Course(课程编号 text primary key,课程名 text,学分 integer );
''')
curs.execute(''' create table if not exists Score(学号 text,课程编号 text,成绩 integer );''')

#打开要读取的文本文件
with open('file1.txt','r') as myFile1:
    for line in myFile1:
        rec = line.strip("\n").split(",")
        curs.execute('insert into Course values(?,?,?)',rec)
```

```
with open('file2.txt','r') as myFile2:
    for line in myFile2:
        rec = line.strip("\n").split("\t")
        curs.execute('insert into Score values(?,?,?)',rec)
conn.commit()
print("Course 数据表中数据如下:")
sql = "select * from Course"
showRecords(curs,sql)

print("Score 数据表中数据如下:")
sql = "select * from Score"
showRecords(curs,sql)

# 关闭游标
curs.close()
# 关闭连接
conn.close()
```

程序运行后,将文件中的数据导入到对应的数据表中,并显示验证结果如下:

```
Course 数据表中数据如下:
课程编号          课程名          学分
- - - - - - - - - - - - - - - - - - - - - - - - - - - - - - - - - - - - - - -
('C11001','计算机导论',2)
('C11002','多媒体技术与应用',2)
('C11003','计算机综合实践',1)
('C11004','数据库原理及应用',2)
('C11005','计算机新技术讲座',1)
('C31001','艺术概论',2)
('C31002','曲式与作品分析',2)
('C31003','和声学',2)
('C31004','形体与舞蹈',1)
('C52001','材料科学基础',2)
Score 数据表中数据如下:
学号          课程编号          成绩
- - - - - - - - - - - - - - - - - - - - - - - - - - - - - - - - - - - - - - -
('S110677','C11001',86)
('S110677','C11002',78)
('S110677','C11003',80)
('S130586','C31004',68)
('S130586','C31002',82)
('S130586','C31003',92)
('S112872','C31004',76)
('S113965','C11004',52)
('S113965','C11002',72)
('S130586','C31001',91)
```

9. 查询进阶

由于查询是数据库的重要操作，本节在“5. 简单查询”的基础上，进一步介绍查询的相关知识。

1)使用 like 匹配通配符查询

SQLite3 的 where 子句中可以使用 like 运算符匹配通配符进行指定模式的查询。like 与下面两个通配符一起使用。

%(百分号):代表个数不限(包括零个)的数字或字符。

_(下画线):代表单个数字或字符。

例如，若要查询 Student 数据表中所有姓张的学生的信息，则 SQLite3 的查询语句如下：

```
select * from Student where Name like '张%'
```

若要查询 Student 数据表中所有姓张、名为单字的学生的信息，则 SQLite3 的查询语句如下：

```
select * from Student where Name like '张_'
```

若要查询 Course 数据表中所有课程名中含“技术”的课程信息，则 SQLite3 的查询语句如下：

```
select * from Course where 课程名 like '%技术%'
```

【例 14-9】 按查询要求，显示对应的查询结果。

①查询 Student 数据表中所有姓张的学生的信息。

②查询 Student 数据表中所有姓张、名为单字的学生的信息。

③查询 Course 数据表中所有课程名中含“技术”的课程的信息。

```
#定义显示查询结果的函数 showRecords()
def showRecords(cursor,sql):  #参数 cursor、sql 表示游标和 SQL 查询语句
    cursor.execute(sql)
    for col in (cursor.description):
        print(col[0],end='\t')
    print('\n'+"-"*36)
    recordSet=cursor.fetchall()
    for row in recordSet:
        print (row)

#导入 sqlite3 模块
import sqlite3
#创建或连接数据库
conn=sqlite3.connect('myDB.db')
# 获取游标
curs=conn.cursor()
# 执行 SQL 语句并显示查询结果

print("第 1 条查询语句查询结果如下:")
sql_1="select * from Student where Name like '张%'"
showRecords(curs,sql_1)
```

```
print("\n 第 2 条查询语句查询结果如下:")
sql_2 = "select * from Student where Name like '张_' "
showRecords(curs,sql_2)
print("\n 第 3 条查询语句查询结果如下:")
sql_3 = "select * from Course where 课程名 like '%技术%' "
showRecords(curs,sql_3)

# 关闭游标
curs.close()
# 关闭连接
conn.close()
```

运行结果如下：

```
第 1 条查询语句查询结果如下:
Sno          Name          Gender          Major
------------------------------------------------
('S110677','张山','男','信息学')
('S112872','张榴慧','女','信息学')
('S155573','张合','男','物理')
第 2 条查询语句查询结果如下:
Sno          Name          Gender          Major
------------------------------------------------
('S110677','张山','男','信息学')
('S155573','张合','男','物理')
第 3 条查询语句查询结果如下:
课程编号          课程名          学分
------------------------------------------------
('C11002','多媒体技术与应用',2)
('C11005','计算机新技术讲座',1)
```

2)使用聚合函数查询

SQLite3 可以使用聚合函数(从一组记录中计算聚合值)进行查询。常用聚合函数如表 14-3 所示。

表 14-3 常用聚合函数

函数	功能
count	获取一个数据库表中满足查询条件的记录数
max	获取某列的最大值
min	获取某列的最小值
avg	获取某列的平均值
sum	获取某列的总和

例如,若要查询 Student 数据表中所有同学的人数,则 SQLite3 的查询语句如下:

```
select count(*) from Student
```

若要查询 Score 数据表中所有成绩的最大值和最小值，则 SQLite3 的查询语句如下：

```
select max(成绩),min(成绩) from Score
```

3)多关系(数据表)查询

SQLite3 可以进行多关系(数据表)查询，并支持数据表间的多种连接方式(内连接、外连接等)。本节只介绍普通的内连接，即根据连接条件(两数据表中相同列进行比较)，返回两数据表中均有对应内容的结果，语法如下：

```
select 列 1,列 2,…,列 n  from 数据表 1  inner  join  数据表 2  on 连接条件
```

也可以省略 inner，写成如下语句：

```
select 列 1,列 2,…,列 n  from 数据表 1  join  数据表 2  on 连接条件
```

还可写成如下语句：

```
select 列 1,列 2,…,列 n  from 数据表 1,数据表 2  where 连接条件
```

例如，若要在 Student 数据表和 Score 数据表中，查询所有有成绩的学生的 Name(姓名)、课程编号和成绩，则 SQLite3 的查询语句如下：

```
select Name,课程编号,成绩 from Student inner join Score on Student.Sno = Score.学号
```

或省略 inner 写成如下语句：

```
select Name,课程编号,成绩 from Student join Score on Student.Sno = Score.学号
```

或写成如下语句：

```
select Name,课程编号,成绩 from Student,Score where Student.Sno = Score.学号
```

若要将查询的原列名显示为新列名，可在 select 语句中在原列名后添加 as 新列名。

比如，上面的查询结果显示的列名是 Name、课程编号和成绩，若要将列名 Name 指定显示为姓名，则语句如下：

```
select Name as 姓名,课程编号,成绩 from Student join Score on Student.Sno = Score.学号
```

【例 14-10】 按查询要求，显示对应查询结果。

①在 Student 数据表和 Score 数据表中，查询所有有成绩的学生的姓名、课程编号和成绩。

②在 Student 数据表、Course 数据表和 Score 数据表中，查询所有有成绩的学生的姓名、课程名和成绩，并按成绩倒序排列。

代码如下：

```
#定义显示查询结果的函数 showRecords()
def showRecords(cursor,sql):  #参数 cursor、sql 表示游标和 SQL 查询语句
    cursor.execute(sql)
    for col in (cursor.description):
        print(col[0],end = '\t')
```

```
    print('\n' + "-" * 36)
    recordSet = cursor.fetchall()
    for row in recordSet:
        print (row)

#导入 sqlite3 模块
import sqlite3
#创建或连接数据库
conn = sqlite3.connect('myDB.db')
# 获取游标
curs = conn.cursor()
# 执行 SQL 语句并显示查询结果
print("第 1 条查询语句查询结果如下:")
sql1 = '''  select Name as 姓名,课程编号,成绩 from Student join Score on Student.Sno = Score.学号    '''
showRecords(curs,sql1)

print("\n 第 2 条查询语句查询结果如下:")
sql2 = '''  select Name as 姓名,课程名,成绩 from Student join Score,Course
            on Student.Sno = Score.学号 and Course.课程编号 = Score.课程编号
            order by 成绩 desc  '''
showRecords(curs,sql2)

# 关闭游标
curs.close()
# 关闭连接
conn.close()
```

运行结果如下:

```
第 1 条查询语句查询结果如下:
姓名        课程编号        成绩
----------------
('张山','C11001',86)
('张山','C11002',78)
('张山','C11003',80)
('李斯','C31004',68)
('李斯','C31002',82)
('李斯','C31003',92)
('张榴慧','C31004',76)
('王武','C11004',52)
('王武','C11002',72)
('李斯','C31001',91)
```

```
第 2 条查询语句查询结果如下:
姓名        课程名        成绩
----------------
('李斯','和声学',92)
('李斯','艺术概论',91)
('张山','计算机导论',86)
('李斯','曲式与作品分析',82)
('张山','计算机综合实践',80)
('张山','多媒体技术与应用',78)
('张榴慧','形体与舞蹈',76)
('王武','多媒体技术与应用',72)
('李斯','形体与舞蹈',68)
('王武','数据库原理及应用',52)
```

14.2 实验内容

1. 创建数据库和数据表

现有一家网购公司,想要采用数据库技术对客户网购商品的信息进行管理。

编写程序 sy14-1.py ,要求创建一个 SQLite3 数据库 EBusiness.db,并在该数据库中创建 3 个数据表 Customer(客户表)、Commodity(商品表)和 Dealing(客户网购表)。

Customer 数据表含有四列:客户编号(主键)、客户姓名、性别和地区。

Commodity 数据表含有三列:商品编号(主键)、商品名和单价(real 型)。

Dealing 数据表含有五列:交易编号(主键)、客户编号、商品编号、商品数量(integer 型)和交易日期(text 型,格式为"YYYY-MM-DD")。

2. 向数据表中添加数据

1)使用 SQL 插入语句添加少量数据(sy14-2.py)

在 Customer 数据表中添加两条记录内容,如表 14-4 所示。

表 14-4 记录内容

客户编号	客户姓名	性别	地区
K000001	李伟	男	浙江
K000002	张薇	女	广东

2)从文本文件批量导入数据(sy14-3.py)

在当前目录下有 3 个文本文件(文件中每行数据间均以英文逗号相隔)data1.txt、data2.txt 和 data3.txt,要求将 data1.txt 中的数据导入 Customer 数据表,将 data2.txt 中的数据导入 Commodity 数据表,将 data3.txt 中的数据导入 Dealing 数据表。

3. 修改数据

编写程序 sy14-4.py,要求将 Commodity 数据表中商品编号为"XXX"的记录删除,并将

“打印机”的单价调整为原价的 90%。

4. 数据查询

1)单数据表查询(sy14-5. py)

①查询 Customer 数据表中的所有数据。

②查询 Customer 数据表中地区为“上海”的所有客户的姓名和性别。

③查询 Dealing 数据表中交易日期为 8 月份的所有交易数据。

④提示:SQLite3 可以使用 strftime(格式符,日期字符串)对日期字符串进行操作(格式符%Y、%m、%d 分别表示年、月和日)。

⑤查询 Commodity 数据表中所有单价大于或等于 100 的商品信息,查询结果按单价降序排列。

⑥查询 Customer 数据表中所有姓李的客户信息。

⑦查询 Customer 数据表中姓李、名为单字的所有客户信息。

⑧查询 Customer 数据表中姓名中有“海”字的所有客户信息。

⑨查询 Commodity 数据表中的最大单价、最小单价和商品个数。

2)多数据表查询(sy14-6. py)

①根据 Customer 和 Dealing 数据表,查询所有交易的客户姓名、客户编号、商品编号和交易日期。

②根据 Customer、Commodity 和 Dealing 数据表,查询所有交易的客户姓名、商品名、商品数量和交易日期。

③根据 Customer、Commodity 和 Dealing 数据表,查询单笔交易金额(商品价格×商品数量)大于 300 的客户姓名、商品名、交易金额和交易日期。

实验 15

探究操作系统

学习目标

(1)了解并安装 psutil 模块。

(2)利用 psutil 模块获取计算机硬件的相关信息及操作系统中的一些系统信息。

(3)了解 os 模块。

(4)利用 os 模块对计算机上的文件和目录进行操作。

15.1 查看系统资源

计算机内的各种硬件组成了硬件资源,各种软件组成了软件资源,操作系统的主要任务就是对这些硬件资源及软件资源进行统一管理,因此操作系统必须获得这些资源的详细信息和运行状态。

在 Windows 操作系统中提供了很多工具让用户了解整个系统的当前状况,比如,可以通过任务管理器查看系统正在运行的所有进程的详细信息,通过文件资源管理器查看磁盘中的文件及磁盘的已用和未用空间等。

对于这些状态信息,仅显示给用户看是不够的。在程序运行期间,程序本身如果能获取这些详细信息,可以对程序的走向及优化程序的执行带来很大的帮助。

实用性极强的 Python 语言当然也具有这种功能,因此有了 psutil 模块。该模块所提供的各种工具能够满足用户管理系统资源的需要。

psutil 模块不在 Python 标准库中,如果 Python 系统中没有安装 psutil 模块,用户必须先安装该模块,最简单的方法是:计算机处在联网状态下,并且保证 path 系统变量中已经存在 Python 的安装目录,此时可以在 Windows 操作系统命令行窗口中输入 pip install psutil 命令进行在线安装。

1. 查看系统信息

1)获取 CPU 信息

CPU(Central Processing Unit,中央处理器)是计算机最为重要的组成部分,对于一台计算机而言，了解 CPU 的基本信息，就获得了该计算机最主要的性能指标。调用 psutil 模块中常用的 cpu_count()、cpu_freq()和 cpu_percent()函数，可以分别获得 CPU 的核心数、CPU 的频率及 CPU 的利用率，这些常用函数的简单用法如表 15-1 所示。

表 15-1 psutil 模块的常用函数

函数	功能
cpu_count(logical=True)	返回系统中的逻辑 CPU 数量(包括超线程所产生的逻辑内核)，如果 logical 为 False，则返回物理内核数(忽略超线程所产生的逻辑内核)
cpu_freq()	返回 CPU 当前、最小、最大的频率，单位为 MHz。它们分别由被返回的命名元组中的 current、min、max 成员表示
cpu_percent(interval=None，percpu=False)	以百分比的形式表示当前系统范围的 CPU 利用率。interval(间隔)参数通常设为 1，percpu 参数如果为 True，则返回每一个 CPU 逻辑内核的利用率

【例 15-1】获取 CPU 信息。

```
import psutil
CPUs = psutil.cpu_count(logical = False)
CPUsLogical = psutil.cpu_count()
CPUfreq = psutil.cpu_freq()
CPUpercent = psutil.cpu_percent(interval = 1)
CPUprePer = psutil.cpu_percent(interval = 1,percpu = True)
print('物理内核数为：%d' %CPUs)
print('逻辑内核数为：%d' % CPUsLogical)
print('每一物理内核的超线程数为：%d' % (CPUsLogical//CPUs))
print('CPU 频率\n 当前值：%d Mhz\n 最小值：%d Mhz\n 最大值：%d Mhz' %
      (CPUfreq.current,CPUfreq.min,CPUfreq.max))
print('当前 CPU 总利用率为：%.1f%%' % CPUpercent)
print('当前 CPU 各逻辑内核利用率为：%s' % CPUprePer)
```

运行结果如下：

```
物理内核数为:4
逻辑内核数为:8
每一物理内核的超线程数为:2
CPU 频率
当前值:1792 Mhz
最小值:0 Mhz
最大值:1992 Mhz
当前 CPU 总利用率为:14.8%
当前 CPU 各逻辑内核利用率为:[0.0,64.1,18.8,0.0,0.0,10.9,6.2,1.6]
```

获得这些 CPU 信息,有助于决定程序的下一步走向,比如,如果有多核 CPU,可以考虑是否使用并行运算来提高运行速度等。

2)获取内存信息

内存(主存储器)的当前使用情况是另一重要的系统指标,如果内存消耗过度,会导致操作系统不得不频繁地使用虚拟内存(将暂时不用的内存中的数据存储到硬盘,此时的硬盘存储空间便被模拟成所谓的“虚拟内存”)以临时满足程序对内存的需要,此时由于对硬盘进行频繁的读写操作,导致程序运行速度直线下降。因此,在程序的运行过程中实时掌握内存的消耗情况就显得尤其重要。目前很多系统安装的“加速球”上显示的就是系统当前已用内存的占比。

调用 psutil 模块中的 virtual_memory()函数可以获取系统的内存信息,所获得的命名元组中几个主要成员及它们的含义如下。

①total:物理内存总容量,单位为字节(B)。

②available:当前可用物理内存容量(不使用交换内存),单位为字节。

③percent:当前已用内存容量占物理内存总容量的百分比。

除此之外,还有其他几个成员,像 free、used 等,这些数据只能作为参考。

【例 15-2】 获取内存当前使用情况。

```
import psutil
mem = psutil.virtual_memory()
print('总内存:%d' % mem.total)
print('可用内存:%d' % mem.available)
print('已用内存占比: %.1f%%' % mem.percent)
```

运行结果如下:

```
总内存:8479412224
可用内存:5127880704
已用内存占比:39.5%
```

上述程序中内存的单位都为字节,为了方便阅读,可将其转换成更大的存储单位,如 KB(千字节)、MB(兆字节)、GB(吉字节)。修改后的程序如下所示。

【例 15-3】 获取内存当前使用情况(使用单位转换)。

```
import psutil


def B2KMG(B):
    if B>=1024**3:
        return str(round(B/1024**3,1)) + 'GB'
    elif B>=1024**2:
        return str(round(B/1024**2,1)) + 'MB'
    elif B>=1024:
        return str(round(B/1024,1)) + 'KB'
    else:
        return str(B) + 'B'
```

```
mem = psutil.virtual_memory()
print('总内存：%s' % B2KMG(mem.total))
print('可用内存：%s' % B2KMG(mem.available))
print('已用内存占比：%.1f%%' % mem.percent)
```

程序中定义了一个单位转换函数 B2KMG()，该函数的返回值是一个保留一位小数并带有单位的字符串，原本 print()函数中字符串格式化运算的内容也做了相应的改变。

运行结果如下：

```
总内存：7.9 GB
可用内存：4.8 GB
已用内存占比：39.6%
```

3)获取虚拟内存信息

当内存可用容量不够时，程序运行对内存的需求就得不到满足，程序将无法运行。为了解决这个问题，人们发明了虚拟内存技术。它的基本原理就是在硬盘中预先空出一块区域，称为“交换区”，当可用内存不够时，系统就将暂时不用的内存中的数据写入交换区中，这样内存就暂时空出了一部分可以被程序所使用了。当存入交换区的数据被要求再次使用时，系统再将其读入内存。这样硬盘中的交换区就演变成内存数据的临时存放地，就好像是内存容量增加了一样，这种技术称为“虚拟内存”技术。用此方法能暂时缓解内存不足的问题。当今几乎所有的操作系统都使用了该技术。

调用 psutil 模块中的 swap_memory()函数可以获得交换区的有用信息，该函数的返回值为一个命名元组，该命名元组中几个主要成员及它们的含义如下。

①total：交换存储总容量，单位为字节。

②used：当前已用交换存储容量，单位为字节。

③free：当前可用交换存储容量，单位为字节。

④percent：当前已用交换存储容量占交换存储总容量的百分比。

除此之外，还有 sin、sout 等成员，这些数据在 Windows 操作系统中无用。

【例 15-4】获取交换区信息。

```
import psutil

def B2KMG(B):
    if B>=1024**3:
        return str(round(B/1024**3,1))+' GB'
    elif B>=1024**2:
        return str(round(B/1024**2,1))+' MB'
    elif B>=1024:
        return str(round(B/1024,1))+' KB'
    else:
        return str(B)+' B'
mem = psutil.swap_memory()
```

```
print('交换区总容量:  \t%s' % B2KMG(mem.total))
print('交换区已用容量:\t%s' % B2KMG(mem.used))
print('交换区已用占比:\t%.1f%%' % mem.percent)
print('交换区剩余容量:\t%s' % B2KMG(mem.free))
```

运行结果如下:

```
交换区总容量:     9.1 GB
交换区已用容量:   4.1 GB
交换区已用占比:   44.8%
交换区剩余容量:   5.0 GB
```

4)获取分区信息

分区是外部存储器(硬盘、光盘、U盘等)中的一个基本概念,它是用于存储信息的一个个区域。比如,Windows操作系统中的所有盘(C盘、D盘、E盘等)就建立在已划分的分区之上。硬盘之所以要分区,目的有以下两个。

①保护数据的安全:比如,对一个分区进行系统重装时,不会影响另一个分区中的数据文件。

②提高数据的访问速度:当在一个分区中寻找数据时,不用将寻找范围扩大到其他分区。

分区的使用规则比较复杂,简而言之,分区分为三种:主分区、扩展分区和逻辑分区。通常一个物理硬盘最多可以有四个分区,对于Windows操作系统而言,主分区支持启动,因此用于安装操作系统,格式化后便成为C盘;扩展分区不能直接格式化,它的存在是为了打破只有四个分区的限制,在一个扩展分区中可以创建更多的逻辑分区,每个逻辑分区可以分别被格式化,形成D盘、E盘、F盘等。分区可以在安装操作系统前进行,也可以在安装操作系统的过程中进行。

对分区信息的了解,也就是对磁盘分配及使用状况的了解。调用psutil模块中的disk_partitions()方法可以查询当前系统的此类分区信息。该方法返回一个列表,当前系统中有几个分区,该列表中就有几个成员,每个成员以命名元组的形式存在,每个命名元组中包含的是每个分区的信息,命名元组中几个主要成员及它们的含义如下。

①device:设备名(如Windows操作系统中的盘符)。

②mountpoint:挂载点(在Windows操作系统中等同于device)。此概念来源于UNIX和Linux操作系统,Linux操作系统中"盘"的概念与Windows操作系统中的不同,整个存储系统只有根目录及根目录下的子目录。一个分区作为一个device被定义为/dev中的一个文件,例如,/dev/sda2,一个分区也可以被挂载为系统中根目录下的某一子目录。

③fstype:文件系统类型(Windows操作系统中有FAT、FAT32、NTFS等)。

④opts:分区的其他信息。opts中包含以逗号分隔的多个参数,比如,fixed代表固定硬盘;rw代表可读写;ro代表只读;cdrom代表光驱;removable表示可移动存储等。

【例15-5】获取当前系统每个分区的信息。

```
import psutil
print("设备名\t挂载点\t文件类型\t其他")
for part in psutil.disk_partitions():
    print(part.device,part.mountpoint,part.fstype,
          '',part.opts,sep = '\t')
```

运行结果如下：

```
设备名      挂载点      文件类型      其他
C:\         C:\         NTFS          rw,fixed
D:\         D:\         FAT32         rw,removable
E:\         E:\         FAT32         rw,removable
F:\         F:\         FAT           ro,removable
```

程序循环体中 print()函数内的实参采用了隐含续行(定界符内的续行不需要"\")方式将一个逻辑行分成了两个物理行,同时续行后的空字符串用于调整 Tab 键位置,以便与输出结果的第一行(表头)中的对应列名对齐。

从运行结果可以看出系统共有四个分区,每个分区一个盘符,除了第一个是固定硬盘外,其余三个都是可移动外存(USB 盘或存储卡);文件系统类型有三种,①Windows NT 内核的系列操作系统开始使用的 NTFS(New Technology File System,新技术文件系统),②FAT32,较为陈旧,在此文件系统格式下,文件最大不能超过 4 GB,③FAT 即 FAT16,为微软最早的文件系统格式;前三个盘都是可读写状态,最后一个盘为只读状态(打开了 U 盘的写保护开关)。

从 disk_partitions()函数中得到的信息虽然有用但还不够详细,它缺少分区的容量信息,psutil 模块中的 disk_usage()函数正好弥补了这一缺陷。将分区的挂载点作为调用该函数的实参,返回值为一个命名元组,该命名元组中的成员及它们的含义如下。

①total:分区总容量,单位为字节。

②used:分区当前已用容量,单位为字节。

③free:分区当前可用容量,单位为字节。

④percent:分区当前已用存储容量占存储总容量的百分比。

【例 15-6】 获取当前系统每个分区的容量信息。

```
import psutil
def B2KMG(B):
    if B>=1024**3:
        return str(round(B/1024**3,1))+'GB'
    elif B>=1024**2:
        return str(round(B/1024**2,1))+'MB'
    elif B>=1024:
        return str(round(B/1024,1))+'KB'
    else:
        return str(B)+'B'
print("挂载点\t文件类型\t总容量\t\t已用容量\t剩余容量\t已用占比")
for part in psutil.disk_partitions():
    usage=psutil.disk_usage(part.mountpoint)
    print(part.mountpoint,part.fstype,'',
          B2KMG(usage.total),'',
          B2KMG(usage.used),'',
          B2KMG(usage.free),'',
          usage.percent,sep='\t')
```

运行结果如下：

```
挂载点      文件类型    总容量       已用容量     剩余容量     已用占比
C:\         NTFS        237.2 GB     102.6 GB     134.7 GB     43.2
D:\         FAT32       115.3 GB     25.1 GB      90.2 GB      21.8
E:\         FAT32       14.6 GB      4.7 GB       9.9 GB       32.2
F:\         FAT         980.5 MB     962.1 MB     18.4 MB      98.1
```

但此程序在带有光驱的计算机上运行时，结果令人意想不到。当光驱中有光盘时一切正常，运行结果如下：

```
挂载点      文件类型    总容量       已用容量     剩余容量     已用占比
C:\         NTFS        500.0 GB     41.7 GB      458.3 GB     8.3
D:\         NTFS        431.5 GB     55.2 GB      376.3 GB     12.8
E:\         CDFS        246.9 MB     246.9 MB     0 B          100.0
F:\         FAT         980.5 MB     962.1 MB     18.4 MB      98.1
```

可以看到 E 盘的文件类型为 CDFS(Compact Disc File System)，其他的容量信息也正确。现将光盘取出，E 盘现在为无介质状态，此时运行程序，系统会报错，程序也随之崩溃。省略部分错误跟踪信息后的运行结果如下：

```
挂载点      文件类型    总容量       已用容量     剩余容量     已用占比
C:\         NTFS        500.0 GB     41.7 GB      458.3 GB     8.3
D:\         NTFS        431.5 GB     55.2 GB      376.3 GB     12.8
Traceback (most recent call last):
...
PermissionError: [WinError 21] 设备未就绪。: 'E'
```

从所提示的错误中可以得知，程序探测到的 E 盘缺少光盘介质，导致无法获取进一步的数据，程序只能被中断运行。这是典型的运行时错误——程序所需的设备或介质未准备就绪。

为了使程序能够在这种无法避免的错误出现的情况下自行处理错误并继续运行，可以在程序中启用一种简单的异常处理机制，以保证程序正常运行而不会崩溃。添加了简单的异常处理机制的程序如下所示。

【例 15-7】获取当前系统每个分区的容量信息的异常处理。

```
import psutil
def B2KMG(B):
    if B>=1024**3:
        return str(round(B/1024**3,1))+'GB'
    elif B>=1024**2:
        return str(round(B/1024**2,1))+'MB'
    elif B>=1024:
        return str(round(B/1024,1))+'KB'
    else:
        return str(B)+'B'
```

```
print("挂载点\t文件类型\t总容量\t\t已用容量\t剩余容量\t已用占比")
for part in psutil.disk_partitions():
    print(part.mountpoint,part.fstype,sep='\t',end='\t'*2)
    try:
        usage=psutil.disk_usage(part.mountpoint)
        print(B2KMG(usage.total),'',
              B2KMG(usage.used),'',
              B2KMG(usage.free),'',
              usage.percent,sep='\t')
    except PermissionError:
        print('光驱内无光盘')
```

当光驱内无光盘时，程序的运行结果如下所示。

```
挂载点    文件类型    总容量        已用容量      剩余容量      已用占比
C:\      NTFS       500.0 GB     41.7 GB      458.3 GB     8.3
D:\      NTFS       431.5 GB     55.2 GB      376.3 GB     12.8
E:\                 光驱内无光盘
F:\      FAT        980.5 MB     962.1 MB     18.4 MB      98.1
```

当光驱中有光盘时，一切正常。

程序中添加了最简单的异常处理语句 try…except。该语句简单的异常处理机制如下：当 try 子句中的所有语句没有发生任何错误或异常时，立刻跳出 try…except 语句，执行下面的语句。一旦有错误发生，就会抛出特定错误的异常类实例，然后去找与该错误名(异常类的类名)相对应的 except 子句执行，完成对错误的捕获和处理，执行完毕后，退出 try…except 语句，继续往下执行。except 子句中与之相匹配的异常类名来自例 15-6 程序崩溃的报错信息。

从程序本身对错误的捕获和处理过程可以看出，异常处理机制是程序设计中必不可少的一部分，它使程序不会轻易崩溃，给用户带来了良好的体验，是程序鲁棒性的集中体现。此后的程序中将继续使用该异常处理机制。

2. 查看进程

简而言之，操作系统中的进程就是一个正在运行的程序。进入操作系统后，哪怕用户没有手动执行任何应用程序，系统中也已经有大量的进程在运行了。进程大致可分为前台进程(用户启动的各种应用程序)、后台进程(一些非操作系统自带的系统软件进程)及操作系统自身的各种服务。磁盘上的程序被执行时，便被载入了内存成为进程，所有的进程都会消耗内存、CPU 等系统资源，直接影响系统的运行状态。进程就是各种软件的最终表现形式，因此它在操作系统中是一个极为重要的概念。

用户如果启动了文件资源管理器，一个名为 explorer.exe 的进程就开始运行了；打开记事本程序，另一个名为 notepad.exe 的进程也开始运行了，为了同时编辑第二个文本文件，再一次打开记事本程序，一个新的同样名为 notepad.exe 的进程又开始运行了，虽然此时有两个名为 notepad.exe 的进程，但它们启动时系统自动为它们生成的进程号是不一样的，系统以此来区分两个同名的记事本进程，因此进程号是系统中某个进程的唯一标识，就如同每个人的身份证号一样。

调用 psutil 模块中的 process_iter()函数可获得当前系统中正在运行的所有进程的信息。该函数返回一个迭代器,迭代器可产生所有进程的实例,因此将该函数放入 for 循环,便能从每一轮循环的循环变量中得到每一个进程的实例。每一个实例都有对应的属性及方法。

①pid 属性:进程号。当磁盘上的程序被载入内存时,操作系统会为每个程序自动生成一个唯一的进程号,每一个进程都有一个和其他进程不同的进程号,用于标识该进程,供操作系统对其进行管控。

②name()方法:获得进程名。该方法返回的是进程名,即进程在磁盘上的名字,如 notepad. exe、explorer. exe 等。如果一个程序被启动多次,就会有多个进程名相同而进程号不同的进程存在于内存中。

③username()方法:获取进程所属用户名。该方法返回进程所属的用户名,如 SYSTEM 表示系统进程。

④status()方法:获得进程状态。该方法返回一个字符串,用于表示进程的当前状态,如 running、stopped、sleeping 等。

⑤exe()方法:获得进程对应的程序在磁盘上的路径。该方法返回的是一个字符串形式的程序路径,是绝对路径。

⑥cwd()方法:获得进程当前工作路径。该方法返回的是一个字符串形式的程序当前工作路径,是绝对路径。工作路径是指程序处理的文件所在的路径。工作路径可以和程序路径相同,也可以不同。

⑦cpu_percent()方法:获得进程对 CPU 的占用率。该方法返回的是一个浮点数。如果进程内使用了多线程编程,占用了多个 CPU 内核,返回的数值可能会大于 100。

⑧memory_info()方法:获得进程对内存的占用情况。该方法返回的是一个命名元组,其中比较重要的是 rss 成员,它表示该进程的物理内存占用量,单位是字节。这部分内存不能是用硬盘模拟的虚拟内存。

了解了获取进程主要信息的途径后,便可借助 psutil. process_iter()函数开始查询信息了。先建立一个简单的程序。

【例 15-8】 获取进程信息。

```
import psutil
for p in psutil.process_iter():
    print(p.pid,p.name(),p.exe(),sep='\t')
```

但程序运行后并没有得到想要的结果,而是出现了错误,程序崩溃了。下面的运行结果中省略了大量的错误跟踪信息,只显示与错误相关的主要信息。

```
...
PermissionError: [Errno 13] Permission denied
During handling of the above exception,another exception occurred:
...
psutil.AccessDenied: psutil.AccessDenied (pid=0,name='System Idle Process')
```

出现此类访问许可被拒绝错误是出于对操作系统安全及稳定性的考虑,操作系统中有些关键的系统进程不允许被某些用户随意访问。因此,如果希望避开这些不被允许访问的系统进程,只访问那些普通进程,可以使用异常处理机制。

【例 15-9】获取进程信息异常处理。

```
import psutil
for p in psutil.process_iter():
    try:
        print(p.pid,p.name(),p.exe(),sep='\t')
    except psutil.AccessDenied:
        pass
```

程序中只对最后出现的错误进行捕获，从错误的信息中得知，第一个错误被 psutil 模块中的代码捕获处理了，处理不了的才能被自己的程序捕获。对错误发生后采取的措施是执行 pass 语句，该语句为空语句，意味着忽略错误，什么都不做。空语句虽然什么都不做，但是不能不写，因为语法结构规定冒号后面必须出现语句块，否则就会产生语法错误，这就是 pass 语句存在的意义。

由于进程过多，只截取有代表性的几个进程作为参考。

```
…
7792      WINWORD.EXE      C:\Program Files\…\Office16\WINWORD.EXE
…
11416     python.exe       C:\Users\…\Python\Python37\python.exe
…
21268     explorer.exe     C:\Windows\explorer.exe
```

程序运行成功后，接着可以用异常处理机制查看更多的分区信息。

【例 15-10】获取进程详细信息异常处理。

```
import psutil
def B2KMG(B):
    if B>=1024**3:
        return str(round(B/1024**3,1))+'GB'
    elif B>=1024**2:
        return str(round(B/1024**2,1))+'MB'
    elif B>=1024:
        return str(round(B/1024,1))+'KB'
    else:
        return str(B)+'B'

import psutil
print('进程号\t进程名\t\t状态\t\t用户\tCPU\t内存')
for p in psutil.process_iter():
    try:
        print(p.pid,
              p.name()[:14],#截断过长的名称
              p.status(),'',
              p.username().split('\\')[1],#只出现用户名，舍弃机器名
```

```
                p.cpu_percent(),
                B2KMG(p.memory_info().rss),
                sep = '\t')
    except psutil.AccessDenied:
        pass
```

程序中对过长的进程名进行了截取，同时舍弃了用户名前的机器名前缀，使得输出的结果整齐划一。由于进程过多，只截取有代表性的几个进程作为参考。

```
进程号      进程名          状态        用户       CPU       内存
0          System Idle    Prrunning   SYSTEM     0.0       8.0 KB
...
6168       WINWORD.EXE    running     haohan     0.0       195.7 MB
...
12008      SearchUI.exe   stopped     haohan     0.0       124.2 MB
...
29332      python.exe     running     haohan     0.0       19.7 MB
...
```

3. 新建和关闭进程

进程的 terminate()方法可以强行关闭该进程，无论该进程中数据是否已经保存过，因此要慎用此方法。

【例 15-11】 关闭所有已打开的计算器进程，计算器进程名为 Calculator.exe。

```
import psutil
for p in psutil.process_iter():
    if p.name() == 'Calculator.exe':
        p.terminate()
```

Python 不仅能关闭已打开的进程，还能新建一个新的进程(执行一个程序)。新建进程需要用到 psutil 模块或者 subprocess 模块，后者是 Python 系统携带的标准库中的模块，无须另外安装。

【例 15-12】 利用 psutil 模块新建进程。

```
import psutil
import time

notepadP = psutil.Popen('notepad.exe')
ps = r'C:\Program Files\Adobe\Adobe Photoshop CC 2018\Photoshop.exe
pic = r'C:\Users\haohan\Documents\Scanned Documents\校园.jpg'
psutil.Popen([ps,pic])
time.sleep(10)
notepadP.terminate()
```

上述程序中，psutil 模块中的类型构造器 Popen()方法创建了 Popen 类的实例，用其创建新的子进程，所需实参可以是简单的程序文件名，如 notepad.exe，此时该程序文件所在的路径必须要存在于系统的 path 变量中，程序文件才能被正确找到，否则只能将程序文件所在路径连同程序文件名一起表示出来。如果要在创建子进程时将一相关的数据文件交付其编辑使用，那就必须提供数据文件名作为程序文件命令行参数，将该数据文件名参数及程序文件名分别作为一个列表的两个成员，并将该列表作为 Popen()方法的实参。程序在运行 photoshop.exe 的同时为其提供一个文件"校园.jpg"。如果希望程序能在读者的电脑上正确运行，那就需修改 photoshop.exe 的实际路径及图片的实际路径及文件名。程序运行后可以看到被打开的空白记事本及可以在 Photoshop 中编辑的"校园.jpg"图片。需要注意的是，10 s 后记事本将被程序关闭，实现延时所用的是 time 模块中的 sleep()方法。

全路径程序文件名和全路径数据文件名这两个字符串中的"\"没有采用转义字符表示，原因在于字符串常量的前面有一个小写的"r"，这代表 raw，表明不要在字符串中进行转义字符的转义工作，保持字符串内所有字符的原样，这就避免了 Windows 操作系统路径中的"\"要写成"\\"的麻烦。

例 15-13 中程序用 subprocess 模块新建了两个子进程，使用方法与例 15-12 中的程序类似。

【例 15-13】使用 subprocess 新建进程。

```
import subprocess
subprocess.Popen('notepad.exe')
ps = r'C:\Program Files\Adobe\Adobe Photoshop CC 2018\Photoshop.exe'
pic = r'C:\Users\haohan\Documents\Scanned Documents\校园.jpg'
subprocess.Popen([ps,pic])
```

4. 文件操作

用户通常都会通过文件资源管理器去实现 Windows 操作系统中的文件操作，而应用程序也几乎无时无刻不在对文件进行操作，下面就 Python 语言中对文件的操作做简要的介绍。

os 模块实现与操作系统相关的一些基本功能，文件操作便是其中之一。表 15-2 和表 15-3 所示为 os 模块和 os.path 子模块中的一些常用函数。

表 15-2 os 模块中的常用函数

函数	功能
getcwd()	返回当前工作目录
chdir(path)	将当前工作目录设置成 path
listdir(path='.')	以列表形式返回指定目录 path 或当前工作目录(path 的默认值)中所有的文件名和目录名
mkdir(path)	创建目录 path
rename(src,dst)	将文件名或目录名 src 改成 dst
remove(path)	删除指定文件 path，path 在此不能是目录
rmdir(path)	删除指定目录 path
walk(top)	深度遍历目录

表 15-3 os. path 子模块中的常用函数

函数	功能
path. abspath(path)	获得 path 的绝对路径
path. exists(path)	判断是否存在文件或文件夹 path,返回逻辑值 True 或 False
path. isdir(path)	判断 path 是不是一个目录,返回逻辑值 True 或 False
path. isfile(path)	判断 path 是不是一个文件,返回逻辑值 True 或 False
path. join(path, * paths)	将多个路径合并为一个路径并返回,该函数与字符串合并运算符"+"的区别在于:按照操作系统的不同,自动添加"\"或"/"作为路径中最常用的分隔符
path. split(path)	将路径 path 拆分成头和尾两部分,通常用于将全路径描述的文件拆分成路径和文件名
path. splitdrive(path)	将路径 path 拆分成驱动器名和路径。在 Windows 操作系统中表现突出
path. splitext(path)	将 path 拆分成除扩展名以外的前半部分和带". "的扩展名
path. dirname(path)	获得 path 中的目录名,相当于 path. split(path)返回的索引值为 0 的成员
path. basename(path)	获得 path 中的文件名,相当于 path. split(path)返回的索引值为 1 的成员
path. getsize(path)	获得 path 所指文件的大小

表 15-2 和表 15-3 中的这些函数还不能满足所有需求,比如,对文件及目录的移动和复制等,这些功能可以在另一个模块 shutil 中找到。

【例 15-14】 用 os 模块显示指定目录中的文件名和子目录名。

```
import os

def B2KMG(B):
    if B>=1024**3:
        return str(round(B/1024**3,1))+'GB'
    elif B>=1024**2:
        return str(round(B/1024**2,1))+'MB'
    elif B>=1024:
        return str(round(B/1024,1))+'KB'
    else:
        return str(B)+'B'

def showFiles(path):
    try:
        files=os.listdir(path)   #得到目录下的文件名和子目录名
```

```
        except:
            print(path,'不是一个目录!')
            return
        print(path) #显示全目录名
        for file in files:  #显示一层目录中的文件和子目录
            fullFileName = os.path.join(path,file)
            if os.path.isdir(fullFileName): #目录
                print('\t%6s   %s'%('<目录>',file))
            else: #文件
                print("\t%8s   %s"%(B2KMG(os.path.getsize(fullFileName)),file))

path = r'C:\Program Files\internet explorer'
path = os.path.abspath(path)
showFiles(path)
```

运行结果如下:

```
C:\Program Files\internet explorer
        <目录>   en-US
        51.5 KB  ExtExport.exe
        52.5 KB  hmmapi.dll
        501.5 KB  iediagcmd.exe
        486.5 KB  ieinstal.exe
        218.0 KB  ielowutil.exe
        390.0 KB  IEShims.dll
        804.3 KB  iexplore.exe
          <目录>   images
          <目录>   SIGNUP
        45.5 KB  sqmapi.dll
          <目录>   zh-CN
```

从结果中发现文件名和子目录名交叉出现(按名字排序),比较凌乱,若要使子目录和文件归类显示,如子目录名在前,文件名在后,可以进行如下修改。

【例 15-15】用 os 模块显示指示目录中的文件名和子目录名,要求子目录名在前,文件名在后。

```
import os

def B2KMG(B):
    if B>=1024**3:
        return str(round(B/1024**3,1)) + ' GB'
    elif B>=1024**2:
        return str(round(B/1024**2,1)) + ' MB'
    elif B>=1024:
        return str(round(B/1024,1)) + ' KB'
```

```
    else:
        return str(B) + ' B'

def showFiles(path):
    try:
        files = os.listdir(path)  #得到目录下的文件名和子目录名
    except:
        print(path,'不是一个目录！')
        return
    print(path) #显示全目录名
    onlyFiles = []  #放置非目录的文件
    for file in files:  #显示一层目录中的子目录
        fullFileName = os.path.join(path,file)
        if os.path.isdir(fullFileName): #目录
            print('\t%6s  %s'%('<目录>',file))
        else: #文件
            onlyFiles.append(file)
    for file in onlyFiles:  #显示一层目录中的纯文件
        print("\t%8s  %s"%(
              B2KMG(os.path.getsize(os.path.join(path,file))),file))

path = r'C:\Program Files\internet explorer'
path = os.path.abspath(path)
showFiles(path)
```

运行结果如下：

```
C:\Program Files\internet explorer
        <目录>  en-US
        <目录>  images
        <目录>  SIGNUP
        <目录>  zh-CN
        51.5 KB  ExtExport.exe
        52.5 KB  hmmapi.dll
        501.5 KB  iediagcmd.exe
        486.5 KB  ieinstal.exe
        218.0 KB  ielowutil.exe
        390.0 KB  IEShims.dll
        804.3 KB  iexplore.exe
        45.5 KB  sqmapi.dll
```

通过前后两个程序的对比可以发现：后者在循环遍历输出所有的文件名和子目录名时，只输出子目录名，而将文件名放入另一列表 onlyFiles 中，在所有的子目录名输出完成后，再循环遍历列表 onlyFiles 输出文件大小及文件名。

当看到结果中的子目录名后，你是否想继续往下挖掘子目录中更深层次的信息呢？要达到此目的,可以继续修改程序,使其完成深度探索目录和文件的任务。

【例 15-16】用 os 模块显示指示目录中的文件名和子目录名,要求子目录名在前,文件名在后,并对各层子目录执行同样操作。

```
import os

def B2KMG(B):
    if B>=1024**3:
        return str(round(B/1024**3,1)) + ' GB'
    elif B>=1024**2:
        return str(round(B/1024**2,1)) + ' MB'
    elif B>=1024:
        return str(round(B/1024,1)) + ' KB'
    else:
        return str(B) + ' B'

def showFiles(path,deep=False):
    try:
        files=os.listdir(path)
    except:
        print(path,'不是一个目录!')
        return
    print(path) #显示全目录名
    onlyFiles=[]  #放置非目录的文件
    i=0
    while i!=len(files):  #显示一层目录中的纯目录
        fullFileName=os.path.join(path,files[i])
        if os.path.isdir(fullFileName): #目录
            print('\t%6s  %s'%('<目录>',files[i]))
            i+=1
        else: #文件
            onlyFiles.append(files[i])
            del files[i]     #删除列表中的文件项
    for file in onlyFiles:  #显示一层目录中的纯文件
        print("\t%8s  %s"%(
            B2KMG(os.path.getsize(os.path.join(path,file))),file))
    del onlyFiles   #删除文件项以节约存储空间
    if deep:  #显示所有子目录中的文件和子目录,递归
        while len(files)!=0:
            showFiles(os.path.join(path,files[0]),True)
            del files[0]     #删除列表中的目录项,节约空间

path=r'C:\Program Files\internet explorer'
path=os.path.abspath(path)
showFiles(path,True)
```

运行结果如下：

```
C:\Program Files\internet explorer
        <目录>   en-US
        <目录>   images
        <目录>   SIGNUP
        <目录>   zh-CN
        51.5 KB  ExtExport.exe
        52.5 KB  hmmapi.dll
        501.5 KB  iediagcmd.exe
        486.5 KB  ieinstal.exe
        218.0 KB  ielowutil.exe
        390.0 KB  IEShims.dll
        804.3 KB  iexplore.exe
        45.5 KB  sqmapi.dll
C:\Program Files\internet explorer\en-US
        2.5 KB  hmmapi.dll.mui
C:\Program Files\internet explorer\images
        5.3 KB  bing.ico
C:\Program Files\internet explorer\SIGNUP
        876 B  install.ins
C:\Program Files\internet explorer\zh-CN
        2.5 KB  ieinstal.exe.mui
        5.0 KB  iexplore.exe.mui
```

该程序的函数中添加了一个默认参数 deep,用于选择是否进行深度探索。对于深度探索的需求,函数使用了递归算法。同时考虑到目录可能很深(如果给出的起始目录是某个大容量盘的根目录),为了节约内存,程序中多处使用了 del 语句及时删除已经无用的数据以释放内存空间。利用 os 模块中的 walk()函数进行深度遍历目录,同样是一个极好的选择。

15.2 实验内容

1. 按要求编写程序 sy15-1. py,以获取 CPU、内存和虚拟内存的信息

①提示用户并让用户选择获得 CPU(输入 C)、内存(输入 M)、虚拟内存(输入 V)的信息,输入 Q 代表结束程序。

②用户输入的半角字符可以是大写,也可以是小写。

③如果用户输入了其他内容,需提醒错误并让用户重新输入。

运行示例如下：

```
获取系统信息

请选择  C-CPU信息 M-内存信息 V-虚拟内存信息 Q-退出:V
交换区总容量:      9.1 GB
```

```
交换区已用容量：          4.3 GB
交换区已用占比：          46.5%
交换区剩余容量：          4.9 GB

请选择  C-CPU信息 M-内存信息 V-虚拟内存信息 Q-退出:c
物理内核数为:4
逻辑内核数为:8
每一个物理内核的超线程数为:2
CPU频率
当前值:1792 MHz
最小值:0 MHz
最大值:1992 MHz
当前CPU总利用率为:0.6%
当前CPU各逻辑内核利用率为:[20.0,0.0,0.0,1.6,0.0,1.6,1.6,0.0]

请选择  C-CPU信息 M-内存信息 V-虚拟内存信息 Q-退出:u

输入错误,请重新输入!

请选择  C-CPU信息 M-内存信息 V-虚拟内存信息 Q-退出:m

总内存:7.9 GB
可用内存:4.4 GB
已用内存占比：44.6%

请选择  C-CPU信息 M-内存信息 V-虚拟内存信息 Q-退出:q
```

2. 按要求编写程序 sy15-2. py,以获取各个分区信息

①先列出本机所拥有的所有盘符,提示用户输入盘符即可获得该盘所属分区的信息。提示信息的各个选项是根据本机所拥有的所有盘符自动生成的。

②若用户输入星号“*”,则显示全部分区盘的信息。

③若用户输入 quit,则结束程序。

④用户的输入可以是半角字符的大写或小写。

⑤若用户输入其他内容,则提示用户重新输入。

运行示例如下：

```
获取分区信息
本机分区如下：
C:\ D:\ E:\ F:\

请选择  C-C盘 D-D盘 E-E盘 F-F盘 *-全部盘 quit-退出:c
```

```
挂载点          文件类型          总容量          已用容量          剩余容量          已用占比
C:\             NTFS              237.2 GB        103.9 GB          133.3 GB          43.8%

请选择  C-C盘 D-D盘 E-E盘 F-F盘 *-全部盘 quit-退出:0
输入错误,请重新输入!

请选择  C-C盘 D-D盘 E-E盘 F-F盘 *-全部盘 quit-退出:D
挂载点          文件类型          总容量          已用容量          剩余容量          已用占比
D:\             FAT               31.1 MB         24.7 MB           6.4 MB            79.3%

请选择  C-C盘 D-D盘 E-E盘 F-F盘 *-全部盘 quit-退出:e

挂载点          文件类型          总容量          已用容量          剩余容量          已用占比
E:\             FAT32             14.6 GB         4.7 GB            9.9 GB            32.2%

请选择  C-C盘 D-D盘 E-E盘 F-F盘 *-全部盘 quit-退出:F

挂载点          文件类型          总容量          已用容量          剩余容量          已用占比
F:\             FAT               980.5 MB        962.1 MB          18.4 MB           98.1%

请选择  C-C盘 D-D盘 E-E盘 F-F盘 *-全部盘 quit-退出:*

挂载点          文件类型          总容量          已用容量          剩余容量          已用占比
C:\             NTFS              237.2 GB        103.9 GB          133.3 GB          43.8%
D:\             FAT               31.1 MB         24.7 MB           6.4 MB            79.3%
E:\             FAT32             14.6 GB         4.7 GB            9.9 GB            32.2%
F:\             FAT               980.5 MB        962.1 MB          18.4 MB           98.1%

请选择  C-C盘 D-D盘 E-E盘 F-F盘 *-全部盘 quit-退出:e

挂载点          文件类型          总容量          已用容量          剩余容量          已用占比
E:\             FAT32             14.6 GB         4.7 GB            9.9 GB            32.2%

请选择  C-C盘 D-D盘 E-E盘 F-F盘 *-全部盘 quit-退出:quit
```

3. 按要求编写程序 sy15-3. py,以获取当前进程信息

①提示用户输入需观察的内存消耗高的进程个数,程序列出当前内存消耗高的进程信息,进程个数为用户所指定的个数。

②如果用户输入的为非正整数(负数、浮点数或其他字符),那么程序提醒用户输入错误,让用户重新输入。

③输入正确后,程序按照进程占用的内存量由高到低的顺序列出用户所需个数的进程信息。

④可考虑将进程信息中的“内存”列设计成合适的右对齐方式。

运行示例如下：

```
请输入需观察的内存消耗高的进程个数,0-退出:-2
输入出错。必须是正整数,请重新输入!
请输入需观察的内存消耗高的进程个数,0-退出:ab
输入出错。必须是正整数,请重新输入!
请输入需观察的内存消耗高的进程个数,0-退出:2.3
输入出错。必须是正整数,请重新输入!
请输入需观察的内存消耗高的进程个数,0-退出:
输入出错。必须是正整数,请重新输入!
请输入需观察的内存消耗高的进程个数,0-退出:5

内存消耗高的5个进程为:
进程号        进程名            状态        用户        CPU        内存
42636        WINWORD.EXE       running     haohan      0.0        213.6 MB
976          explorer.exe      running     haohan      0.0        159.0 MB
43124        SearchUI.exe      stopped     haohan      0.0        121.7 MB
44044        pyscripter.exe    running     haohan      0.0        94.9 MB
39572        ShellExperienc    stopped     haohan      0.0        74.9 MB
```

4. 按要求编写程序sy15-4.py,以获取相应的目录信息

①提示用户输入所需观察的目录,可以是绝对路径或相对路径,若直接按回车键则退出。

②如果用户输入的不是一个合法的目录,则程序提醒用户输入错误,让用户重新输入。

③当输入正确后,程序给出该目录的绝对路径名及其下子目录的个数、文件的个数和文件的总大小。

程序运行示例如下所示。可以在文件资源管理器中加以验证,如图15-1和图15-2所示。

```
统计目录信息

请输入一个目录,直接按回车键退出:C:\Program Files\internet explorer
目录:C:\Program Files\internet explorer
包含:
4个目录
13个文件
文件总大小:2627482字节(2.5 MB)

请输入一个目录,直接按回车键退出:c:\abc
c:\abc不是一个目录,请重新输入!

请输入一个目录,直接按回车键退出:C:\Program Files\Common Files\system
目录:C:\Program Files\Common Files\system
包含:
```

```
11 个目录
60 个文件
文件总大小:10578611 字节 (10.1 MB)

请输入一个目录,直接按回车键退出:
```

图 15-1　验证运行结果(1)

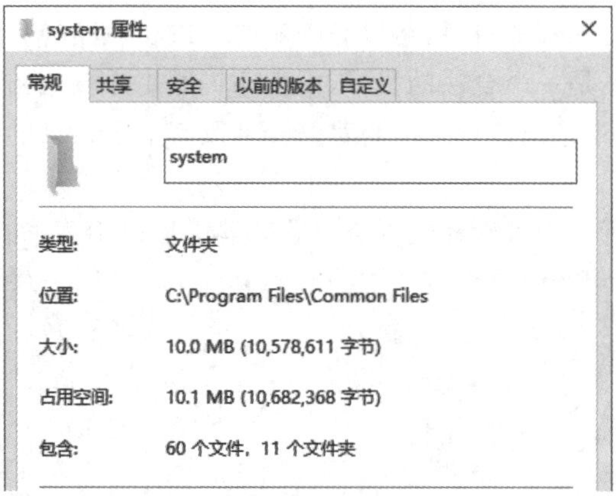

图 15-2　验证运行结果(2)

实验 16

Python 语言的图形界面编程

学习目标

(1)了解 Python 语言的图形界面编程的基本方法。

(2)进一步体会面向对象思想的实际应用。

16.1 编写 Python GUI 程序

1. Python 语言的图形框架

Python 语言的默认 GUI(graphical user interface,图形用户界面)工具集是 Tk。Tk 最初是为工具命令语言(Tool Command Language,Tcl)设计的,其流行后被许多脚本语言(包括 Python 语言)采用。Tk 是一个可移植的可以管理窗口、按钮、菜单等的 GUI 工具集,Python 语言借助 Tk 可快速高效地创建实用程序。

Python 语言调用 Tcl/Tk 的接口是 tkinter(Tk+interface),它是一个跨平台的脚本图形界面接口。tkinter 不是唯一的 Python 语言图形编程接口,也不是功能最强的一个。

除了 tkinter 外,还有其他的 GUI 工具集,如 wxPython 和 PyQt 等。wxPython 是Python语言的一套跨平台的 GUI 工具集,其作为一个 Python 扩展模块,允许程序开发者很方便地创建功能健全的 GUI。PyQt 是一个创建 GUI 应用程序的工具包,是 Python 语言对跨平台的 GUI 工具集 Qt 的包装,PyQt 是作为 Python 的插件实现的,功能强大,可以用 PyQt 开发漂亮的界面,不过其在商业授权上存在一些问题。在 Python 语言中使用 PyQt,需要先进行安装和配置。

由于 tkinter 内置于 Python 的安装包中,简单、易用并且能满足轻量级的跨平台 GUI 开发需求,因此本书主要介绍 tkinter 图形编程的基础知识。

tkinter 支持各种核心窗口控件,包括 Button(按钮)、Canvas(画布)、Menu(菜单)、Menubutton(菜单按钮)、Label(标签)、Message(消息框)、Listbox(列表)、Entry(单行文本框)、Text(多行文本框)、Frame(框架)、Radiobutton(单选按钮)、Checkbutton(复选框)、Combobox(下拉列表框)、Scrollbar(滚动条)、Scale(标尺与进度条)和 TopLevel(顶级窗口容器)等。

所有这些窗口控件都提供了布局管理方法、配置管理方法和控件自己定义的方法。此外，TopLevel 也提供窗口管理接口。

在编写 GUI 程序时，有时需要跟踪变量值的变化，以保证值的变更能动态显示在图形界面上。而 Python 语言内置的 str、int、float 和 bool 类型难以做到这一点，故 tkinter 提供了相应的变量类型：StringVar(字符串变量类型)、IntVar(整型变量类型)、DoubleVar(浮点型变量类型)和 BooleanVar(布尔型变量类型)，通过将所创建的变量类实例与窗口控件类实例捆绑，就可以动态设置并获取控件的相应属性值。tkinter 的变量类的常用方法有 set()(设置变量对象的值)和 get()(获取变量对象的值)。

2. 借助 tkinter 创建 GUI 程序

借助 tkinter 创建 GUI 程序的算法基本步骤如下：

```
1  导入 tkinter 模块
2  创建主窗口
3  在主窗口上创建窗口“控件”对象
4  将窗口中的“控件”与对应的事件处理程序相关联
5  进入窗口事件主循环
```

①导入 tkinter 模块的语句如下：

```
from tkinter import *     (或 import tkinter)
```

导入 tkinter 模块后，就可以使用 tkinter 的类和方法，语句如下：

```
tkinter.方法名()
```

②主窗口又称为根窗口，即顶层用户窗口。主窗口由 tkinter 中的 Tk()方法创建，语句如下：

```
window = Tk()
```

若采用 import tkinter 语句导入 tkinter，则创建主窗口的语句如下：

```
window = tkinter.Tk()
```

③根据需要，在所建的主窗口上设置控件。通常这些控件会有一些相应的行为，如鼠标点击、键盘按键等，这些称为事件，而程序会根据这些事件采取相应的反应，称为回调。这个过程称为事件驱动。

④进入窗口事件主循环的语句如下：

```
window.mainloop( )
```

进入窗口事件主循环，接收来自用户的操作(事件)，执行相应的事件处理程序，直到用户关闭窗口。

【例 16-1】编写一个 GUI 程序，创建一个空窗口，体会一下它与命令行界面的不同。

```
from tkinter import  *          # 导入模块
window = Tk()                   # 创建主窗口
window.mainloop()               # 进入主循环
```

程序运行后，生成一个空窗口，如图 16-1 所示，当用户单击“关闭”按钮后，窗口才结束运行。

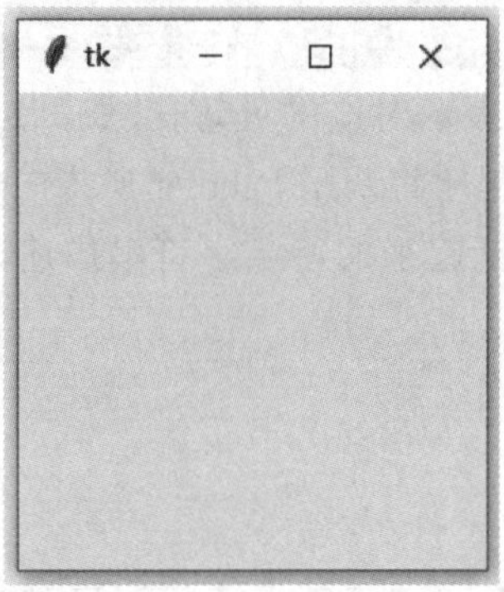

图 16-1 GUI 空窗口

利用 Tk 创建的窗口,其默认大小为 200 像素×200 像素,默认窗口标题为 tk。

若要指定窗口大小,可以使用 Tk 的 geometry(参数)方法,参数为字符型,内容格式为"宽度 x 高度+左上角屏幕水平坐标+左上角屏幕竖直坐标"。

若要设置窗口标题,可以使用 Tk 的 title(参数)方法,参数为字符型,内容为新窗口标题。

【例 16-2】 修改例 16-1,要求能设置窗口的标题、大小和初始位置。

```
from tkinter import  *
window = Tk()
window.title("我的窗口")                    #设置窗口标题
window.geometry("300x250 + 0 + 0")          #设置窗口大小和初始位置
window.mainloop( )
```

程序运行后,在屏幕左上角出现窗口标题为"我的窗口"、宽为 300 像素、高为 250 像素的窗口,如图 16-2 所示。

图 16-2 "我的窗口"窗口

3. tkinter 事件处理

一个 tkinter 应用程序大部分时间处于监听并处理事件的主循环(通过调用 mainloop()方法进入事件主循环)中。事件包括用户的键盘和鼠标操作及系统事件(如窗口管理器的重绘事件等)。

tkinter 提供了强大的事件处理机制。对于任意一个 GUI 控件对象,都可以为事件绑定 Python 处理函数,语句如下:

```
控件对象.bind(event,handler)
```

其中,event 表示事件,handler 表示对应的处理函数,即回调函数。当发生在窗口控件对象上的事件与所描述的事件匹配时,程序将调用 handler 所指向的回调函数来进行相应的处理。

tkinter 的事件都用以尖括号括起来的特定字符串描述,下面为常用的鼠标事件。

①＜Button-1＞:单击事件。

②＜Button-2＞:中键单击事件。

③＜Button-3＞:右击事件。

④＜Double-Button-1＞:双击事件。

【例 16-3】 创建一个空白窗口,当单击或右击该窗口时,在 IDLE Shell 窗口中显示对应的鼠标事件名称。

```
from tkinter import *
# 定义鼠标事件对应的回调函数 showEvent
def showEvent(event):
    if  event.num = = 1:
        mouse_click_type = "鼠标单击"
    if  event.num = = 3:
        mouse_click_type = "鼠标右击"
    print (mouse_click_type)

window = Tk()
window.title("鼠标事件简单示例")

# 将窗口与单击事件绑定
window.bind('＜Button-1＞',showEvent)
# 将窗口与右击事件绑定
window.bind('＜Button-3＞',showEvent)
window.mainloop()
```

回调函数 showEvent()中的参数 event 为系统传入的事件对象。

程序运行后,生成一个空窗口,当用户单击或右击该窗口空白部分时,就会产生用户鼠标事件,该事件立即被系统捕获,系统将该鼠标事件以 event 传入程序(若是单击事件,event.num 为 1;若是右击事件,event.num 为 3),程序调用鼠标事件所绑定的回调函数 showEvent(),在 IDLE Shell 窗口内显示对应的鼠标事件名称。

程序运行后,当在产生的窗口中单击和右击时,在 IDLE Shell 窗口内显示对应的鼠标事件名称,如图 16-3 所示。

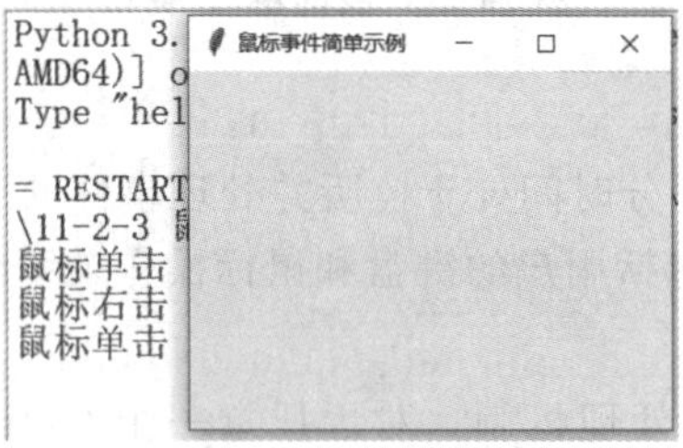

图 16-3 窗口捕获鼠标事件

16.2　认识 GUI 控件

1. tkinter 的常用窗口控件

1)Label 控件

Label 为标签控件,用来显示文本或图像。标签可包含多行文本。创建 Label 对象的语句如下:

```
Label(父窗口,[text = "xxx",width = xx,height = xx])
```

“父窗口”后面的参数为可选参数,其中 text 为想要显示的文本,width 和 height 分别为标签的宽和高。

若要在应用程序中动态设置标签的显示文本,可以使用 Label 对象的 config()方法,语句如下:

```
Label 对象.config (None,text = "想要显示的新文本")。
```

【例 16-4】创建一个窗口,窗口中包含有一个标签控件。

```
from tkinter import  *
window = Tk()
window.title("标签简单示例")
#创建 Label 对象 lbl
lbl = Label(window,text = "欢迎使用图形界面",width = 50,height = 10)
#将 lbl 对象置于窗口中
lbl.grid()
window.mainloop( )
```

程序运行后,“标签简单示例”窗口如图 16-4 所示。

图 16-4　“标签简单示例”窗口

2)Button 控件

Button 是按钮控件,一个按钮对应一个回调函数,当按钮被激活的时候,就调用该回调函数。创建 Button 对象的语句如下:

```
Button(父窗口,text = "xxx",command = xx)
```

text 参数为按钮上的文字,command 参数指明回调函数或命令语句。

【例 16-5】 创建一个窗口,窗口中包含一个按钮,单击该按钮后,在 IDLE Shell 窗口内显示相应内容。

```
from tkinter import  *
#定义按钮的回调函数 hello()
def  hello():
     print ("嗨! 你好!")

window = Tk()
window.title("按钮简单示例")

#创建 Button 对象 btn,通过 command 属性来指定 Button 的回调函数 hello
btn = Button(window,text = '点我试试! ',width = 30,command = hello)
#将 btn 置于窗口中
btn.grid()
window.mainloop()
```

程序运行后,“按钮简单示例”窗口如图 16-5 所示。

图 16-5 “按钮简单示例”窗口

单击窗口中的“点我试试!”按钮,在 IDLE Shell 窗口中显示“嗨! 你好!”。

【例 16-6】 创建一个窗口,该窗口包含一个标签和一个按钮,单击按钮后,标签显示单击次数。

```
from tkinter import  *

count = 0   #count 用于记录单击次数
#定义按钮的回调函数 show()
def  show():
    global count
    count + = 1
    #动态刷新标签
    lbl1.config(None,text = "按钮被你单击了" + str(count) + "次!")

window = Tk()
window.title("动态刷新标签示例")

lbl1 = Label(window,text = '开始时你未点按钮! ',width = 50)
lbl1.grid()
btn = Button(window,text = '点我试试! ',command = show)
btn.grid()
window.mainloop( )
```

程序运行后，"动态刷新标签示例"窗口如图 16-6(a)所示。当单击"点我试试!"按钮 3 次后，"动态刷新标签示例"窗口如图 16-6(b)所示。

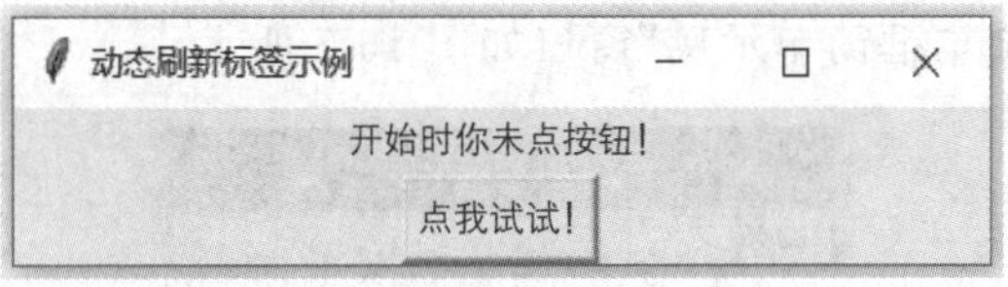

(a) 开始时窗口状态

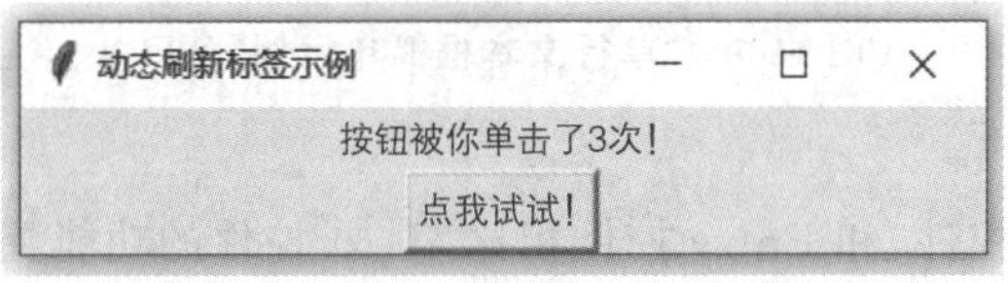

(b) 单击3次后窗口状态

图 16-6 "动态刷新标签示例"窗口

3)Entry 控件

Entry 是单行文本框控件，用来收集用户输入的信息。创建 Entry 对象的语句如下：

```
Entry(父窗口，可选参数)
```

Entry 对象的常用方法如下。

①insert(index，text)：向文本框中插入值，index 为插入位置，text 为插入值。

②get()：获取文本框内的文本。

③delete(index1，[index2])：删除文本框内从位置 index1 到位置 index2(不包括位置 index2)的字符，若参数 index2 省略，则只删除位置 index1 上的字符。

【例 16-7】 创建一个窗口，窗口中包含上、下两个单行文本框，两个文本框中间有一个按钮，单击此按钮，可将上文本框中的内容显示于下文本框中。

```
from tkinter import  *
#定义按钮的回调函数 show()
def show():
    inputTxt = entry1.get()
    entry2.delete(0,END)  # 删除文本框内的所有字符
    entry2.insert(0,inputTxt)

window = Tk()
window.title("单行文本框简单示例")

#创建上文本框对象 entry1
entry1 = Entry(window,width = 36)
entry1.grid()
#创建中间按钮对象 btn
btn = Button(window,text = '回显',command = show)
btn.grid()
#创建下文本框对象 entry2
entry2 = Entry(window,width = 36)
```

```
entry2.grid()
window.mainloop( )
```

程序运行后,“单行文本框简单示例”窗口如图 16-7 所示。

图 16-7 “单行文本框简单示例”窗口

4)Text 控件

Text 是多行文本框控件,和 Entry 控件相比,Text 控件的功能更强。Text 控件既可以编辑多行文本,也可以格式化文本(如设置文本颜色和字体等),还能在文本中嵌入其他窗口控件和图像等。

创建 Text 对象的语句如下:

```
Text(父窗口,可选参数)
```

可选参数之间以逗号分隔,常见的参数有 bg(背景色)、fg(文本颜色)、font(字体)、height 和 width(文本框的行高和列宽)等。

Text 对象的常用方法如下。

①insert(index [,string]…):在指定的 index 位置插入文本 string。index 可以用数字行和列(中间以“.”分隔)表示,也可以用关键字 INSERT(插入点的当前位置)和 END(Text 的最后位置)等表示。

②delete(startindex [,endindex]):删除文本框内从位置 startindex 到位置 endindex(不包括位置 endindex)的字符,若参数 endindex 省略,则只删除位置 startindex 上的字符。

③get(startindex [,endindex]):获取文本框内从位置 startindex 到位置 endindex(不包括位置 endindex)的字符,若参数 endindex 省略,则只获取位置 startindex 上的字符。

此外,Text 对象可以使用 tag 对自定义区域的文本进行标识,以方便进行格式设置。以下为 tag 的常用方法。

①tag_add(tagname,startindex[,endindex] …):对自定义区域添加 tag 标识。

②tag_config():对所定义的 tag 进行格式设置。

【例 16-8】 创建一个窗口,窗口中包含一个多行文本框,在其中进行简单编辑,再设置一个按钮,单击该按钮时,多行文本框中的文字变为红色,多行文本框的背景色变为黄色。

```
from tkinter import *
#定义按钮的回调函数 setColor()
def setColor():
    txt.tag_add("myArea",1.0,END)
    txt.tag_config("myArea",foreground = "red",background = "yellow")

window = Tk()
window.title("多行文本框简单示例")
```

```
#创建多行文本框
txt = Text(window)
txt.insert(1.0,"请在此多行文本框内编辑你的文本\n")
txt.insert(END,"可以使用 Ctrl + C,Ctrl + X,Ctrl + V 等操作\n")
txt.insert(END,"…")
txt.grid()
#创建用于设置颜色的按钮
btn1 = Button(window,text = "红字黄底",command = setColor)
btn1.grid()
window.mainloop()
```

程序运行后,“多行文本框简单示例”窗口如图 16-8 所示。

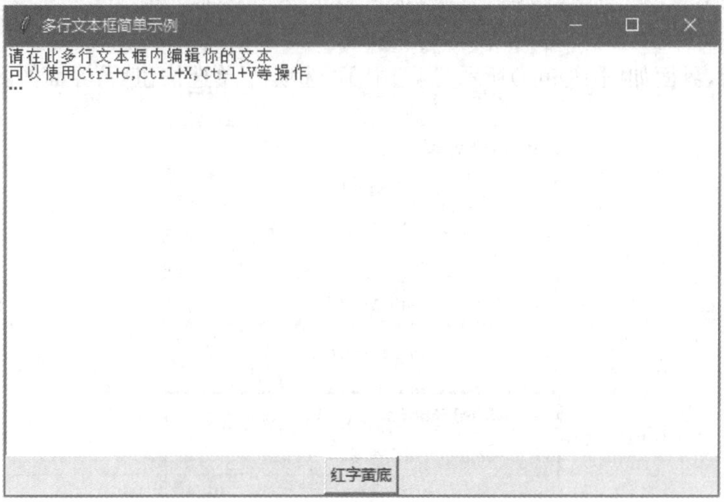

图 16-8 “多行文本框简单示例”窗口

5)Radiobutton 控件

Radiobutton 为单选按钮控件,在同一组选项内一次只能选择一个,当组内某个按钮被选中时,其他按钮自动转成非选中状态。创建 Radiobutton 对象的语句如下:

```
Radiobutton(父窗口,可选参数)
```

可选参数间以逗号分隔,常用参数如下。

①text:单选按钮旁边所显示的文字。

②variable:组控制参数,该参数将一组按钮联系在一起,其类型为 IntVar 或 StringVar。

③value:按钮被选中时,将当前按钮的 value 值返回给控制参数 variable。

【例 16-9】单选按钮简单示例。

```
from tkinter import *
#定义单选按钮的回调函数
def sele():
    seleItem = "你选了选项" + str(rVar.get())
    lbl.config(text = seleItem)
```

```
window = Tk()
window.title("单选按钮简单示例")

#创建整型变量类的实例
rVar = IntVar()
#创建三个单选按钮,并一同绑定到整型变量rVar,组成一组单选按钮
for i in range(3):
    r = Radiobutton(window,text = "选项" + str(i + 1),variable = rVar,value = i + 1,command = sele)
    r.grid()
#创建一个标签,用于在窗口下方显示选择结果
lbl = Label(window,text = "你尚未选择!",width = 36)
lbl.grid()
window.mainloop()
```

程序运行后,界面如图16-9(a)所示,当选中了"选项2"单选按钮后,界面如图16-9(b)所示。

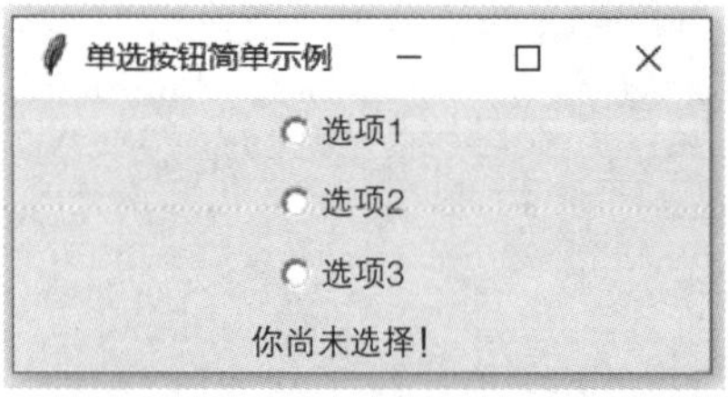

(a)初始窗口

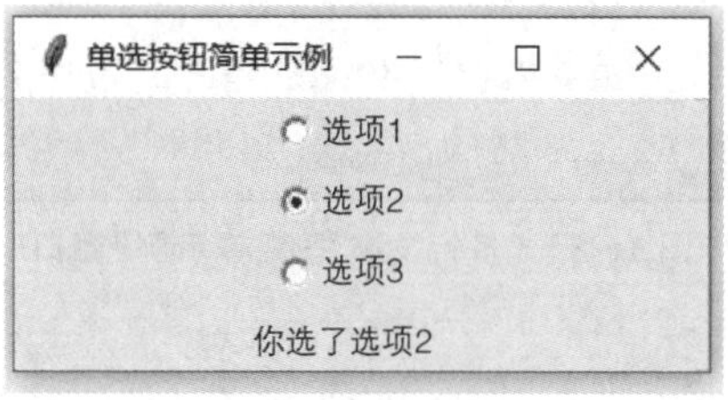

(b)选择状态

图16-9 单选按钮控件示例

6)Checkbutton控件

Checkbutton为复选框控件,可以在一系列相关选项中勾选单个或多个选项。创建Checkbutton对象的语句如下:

```
Checkbutton(父窗口,可选参数)
```

可选参数间以逗号分隔,常用参数如下。

①onvalue:通常情况下,复选框勾选(有效)时该值为1,应用时,可以视具体情况按需设置。

②offvalue:通常情况下,复选框取消勾选(无效)时该值为0,也可视情况按需设置。

③text:复选框旁边所显示的文字。

④variable:通过此参数可获取复选框的状态。复选框勾选时,其值为onvalue所设定的数值,复选框取消勾选时,其值为offvalue所设定的值。

【例 16-10】复选框简单示例。

```
from tkinter import *
#定义复选框的回调函数
def sele()：
    showStr = "你勾选了 "
    checkVar = checkVar1.get() + checkVar2.get()
    if checkVar = = 1：
        showStr + = "滑雪！"
    elif checkVar = = 2：
        showStr + = "射击！"
    elif checkVar = = 3：
        showStr + = "滑雪和射击！"
    else：
        showStr = "你取消勾选了所有选项！"
    lbl.config(text = showStr)
window = Tk()
window.title("复选框简单示例")

#创建整型变量类的两个实例
checkVar1 = IntVar()
checkVar2 = IntVar()
c1 = Checkbutton(window,text = "滑雪",variable = checkVar1,onvalue = 1,offvalue = 0,command = sele)
c2 = Checkbutton(window,text = "射击",variable = checkVar2,onvalue = 2,offvalue = 0,command = sele )
c1.grid()
c2.grid()

#创建一个 Label,用于在窗口下方显示选择结果
lbl = Label(window,text = "你尚未选择！",width = 36)
lbl.grid()
window.mainloop()
```

程序运行后，界面如图 16-10(a)所示。当勾选了“滑雪”和“射击”复选框后，界面如图 16-10(b)所示。

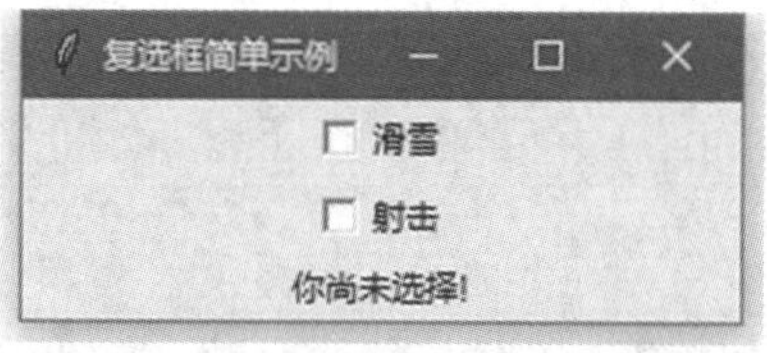

(a) 初始状态

(b) 勾选状态

图 16-10 复选框控件示例

7)Combobox 控件

Combobox 为下拉列表框控件,创建 Combobox 对象的语句如下:

```
ttk.Combobox(父窗口,可选参数)
```

常用的可选参数如下。

①height 和 width:分别设置下拉列表框的高度和宽度。

②state:设置下拉列表框的可读状态,如 state='readonly',表示设置为只读模式。

③textvariable:设置绑定下拉列表框的变量值。

Combobox 对象的常用方法如下。

①get():获取在下拉列表中所选的数据。

②current(i):指定下拉列表框显示其索引项 i 的数据,如 current(1),即显示下拉列表的第 2 项数据。

下拉列表框的数据通过其['values']设定,下拉列表框的虚拟事件是<<ComboboxSelected>>。

【例 16-11】 下拉列表框简单示例。

```
from tkinter import *
from tkinter import ttk
window = Tk()
window.title("下拉列表框简单示例")

#创建一个标签,用于显示所选内容
lbl1 = Label(window,text = "请从下拉列表中选择",width = 50)
lbl1.grid()

#创建一个下拉列表框
value = StringVar()  #绑定变量
cbox = ttk.Combobox(window,width = 10,textvariable = value)
#设置下拉列表框的数据
cbox['values'] = ("高中","大专","本科","硕士","博士" )
cbox.grid()
#设置下拉列表框初次显示的数据
cbox.current(0)

#绑定事件
def show_msg(event):
    lbl1.config(text = "你的选择是:" + cbox.get())  # cbox.get() 方法或 value.get()方法
cbox.bind("<<ComboboxSelected>>",show_msg)

window.mainloop()
```

程序运行后,界面如图 16-11(a)所示。在下拉列表中选择"本科"后,界面如图 16-11(b)所示。

(a) 初始状态

(b)选择状态

图 16-11　下拉列表框控件示例

8)Menu 控件

利用 tkinter 的 Menu 控件可创建菜单,步骤如下。

①创建菜单栏,语句如下:

```
Menu(父窗口)
```

②创建属于菜单栏的下拉菜单,语句如下:

```
Menu(所属菜单栏)
```

③向下拉菜单添加菜单项(命令),语句如下:

```
add_command(label="下拉菜单中菜单项文字",command="命令或回调函数名")
```

在创建多个菜单项时,可以调用 add_separator()方法添加菜单项分隔线。

④将下拉菜单添加到所建菜单栏中,语句如下:

```
所建菜单栏.add_cascade(label="菜单栏中菜单项文字",menu=所建下拉菜单)
```

⑤显示所创建的菜单栏,语句如下:

```
父窗口.config(menu=所建菜单栏)
```

【例 16-12】创建一个含有 File(其含有 Open、Save 和 Exit 菜单项)和 Edit(其含有 About 菜单项)菜单的简单菜单栏示例。

```
from tkinter import *
window=Tk()
window.geometry("500x300")
window.title("菜单简单示例")

#定义菜单项对应的回调函数
def openCall():
    print('你单击了 Open 菜单项')
def saveCall():
    print('你单击了 Save 菜单项')
def aboutCall():
    print('这是 Menu 菜单的简单演示')
```

```
#创建菜单栏 menubar
menubar = Menu(window)
#创建下拉菜单 File,然后将其加入顶级的菜单栏 menubar 中
filemenu = Menu(menubar)                    #生成下拉菜单
#在下拉菜单中添加各个菜单项(命令)
filemenu.add_command(label = "Open",command = openCall)
filemenu.add_command(label = "Save",command = saveCall)
filemenu.add_separator()                    #添加菜单项分割线
filemenu.add_command(label = "Exit",command = window.destroy)
menubar.add_cascade(label = "File",menu = filemenu)   #将下拉菜单增加到菜单栏中
#创建另一个下拉菜单 Help
helpmenu = Menu(menubar)
helpmenu.add_command(label = "About",command = aboutCall)
menubar.add_cascade(label = "Help",menu = helpmenu)
#显示菜单
window.config(menu = menubar)
window.mainloop()
```

程序运行后,界面如图 16-12 所示。

图 16-12　菜单控件示例

当单击各菜单项(除了 Exit)后,在 IDLE Shell 窗口中显示对应的操作,当单击 Exit 菜单项或单击"关闭"按钮后,窗口关闭,程序结束运行。

2. tkinter 的布局管理

在 GUI 编程时,调整每个控件的布局都是很烦琐的,不仅要调整控件自身的大小,还要调整它和其他控件的相对位置。tkinter 提供了三个几何布局管理器:pack、grid 和 place。

1)pack 布局管理器

pack 布局管理器采用块的方式组织配件,在快速生成界面设计中被广泛应用,适用于控件的简单布局。pack 布局管理器根据控件的创建顺序将控件自上而下地添加到父控件中。

pack 布局管理器的使用很简单,语句如下:

```
窗口控件对象.pack(可选参数)
```

pack 布局管理器常用的可选参数如下。

①side:设置在父控件中的相对位置,可取值为 TOP(默认)、BOTTOM、LEFT、RIGHT。

②expand：当窗口大小变化时，设置控件是否随之同比例变化，可取值为 no 或 0（不变），yes 或 1（变化）。

③fill：设置填充方式，可取值为 X、Y、BOTH。

2）grid 布局管理器

grid 布局管理器采用类似表格的结构进行布局管理，其根据需要将主控件分成一组行和列构成的表格空间（网格），表格的每个单元格中均可放置一个控件。

使用 grid 布局管理器非常方便，只需要创建控件，然后使用 grid()方法设置其在父窗口的行和列，不需要为每个单元格指定大小，grid 布局管理器会自动设置一个合适的大小。创建 grid 布局管理器的语句如下：

```
窗口控件对象.grid(可选参数)
```

grid 布局管理器常用的可选参数如下。

①row：设置在父控件中的行号，从 0 开始取值，若不指定 row，则会将控件放置到下一个可用的行上。

②rowspan：一般情况下，将一个控件放入一个单元格中，但有时候可以根据需要，通过设置 rowspan 的值将一列中的多个相邻的单元格合并为一个单元格来放置控件。

③column：设置在父控件中的列号，从 0 开始取值，默认值为 0。

④columnspan：通过设置 columnspan 值，可以将一行中的多个相邻的单元格合并为一个单元格来放置需要的控件。

⑤ipadx：设置在控件内左右方向各填充指定长度的空间。

⑥ipady：设置在控件内上下方向各填充指定高度的空间。

⑦padx：设置在控件外左右方向各填充指定长度的空间。

⑧pady：设置在控件外上下方向各填充指定高度的空间。

⑨sticky：设置控件在单元格中的位置。tk. N 为靠上，tk. S 为靠下，tk. W 为靠左，tk. E 为靠右，tk. N+ tk. S+ tk. W+ tk. E 表示在竖直和水平方向上延伸控件，填满单元格。

注意：不要尝试在一个主窗口中混合使用 pack 和 grid 布局管理器。

3）place 布局管理器

place 布局管理器可以精确指定一个控件的位置和大小，但其用法较为复杂，本书不作介绍，有兴趣的读者可参考相关资料进行学习。

【例 16-13】使用 pack 布局管理器进行简单布局。

```
from tkinter import *
window = Tk()
window.title("pack 简单示例")
lbl = Label(window,text = 'Hi! ',width = 30)
lbl.pack()
btn1 = Button(window,text = 'BUTTON1')
btn1.pack(side = LEFT)
btn2 = Button(window,text = 'BUTTON2')
btn2.pack(side = RIGHT)
window.mainloop()
```

程序运行后,界面如图 16-13 所示。

图 16-13　pack 布局管理器示例

请思考:若将例 16-13 中的第 7 行、第 9 行 pack()函数中的参数 side 去掉,则控件如何显示?若将第 5 行改为 lbl. pack(side=BOTTOM),则控件又如何显示?

【例 16-14】使用 grid 布局管理器进行简单布局。

```
from tkinter import *
window = Tk()
window.title('grid 布局演示 1')

count = 0
for i in range(4):
    for j in range(4):
        count + = 1
        sample = Label(window,text = '控件' + str(count),bg = 'light green')
        sample.grid(row = i,column = j,ipadx = 5,ipady = 10,padx = 10,pady = 10)
window.mainloop()
```

上述程序中利用 grid 布局管理器在窗口上均匀放置了 16 个样例控件。

请思考:若去掉 grid()方法中的 ipadx、ipady、padx、pady 参数,显示效果将会怎样?

程序运行后,界面如图 16-14 所示。

图 16-14　grid 布局管理器示例 1

【例 16-15】使用 grid 布局管理器进行简单布局:创建一个窗口,在该窗口的第 1 行均匀放置 4 个样例控件,在第 2 行第 2 列、第 3 列的单元格中放置一个样例控件,要求样例控件填满合并后的单元格,然后在窗口的第 3 行再放置 4 个样例控件。

```
from tkinter import *
window = Tk()
window.title('grid布局演示2')

count = 0
#在窗口第1行放置4个样例控件
for j in range(4):
    count += 1
    sample = Label(window,text = '控件' + str(count),bg = 'light green')
    sample.grid(row = 0,column = j,ipadx = 5,ipady = 10,padx = 10,pady = 10)

count += 1
sample = Label(window,text = '控件' + str(count),bg = 'light green')
#在第2行第2列、第3列的单元格(合并这两个单元格)中,放置样例控件5
#并在水平方向上填满合并后的单元格(sticky = E + W)
sample.grid(row = 1,column = 1,columnspan = 2,
           ipadx = 5,ipady = 10,padx = 10,pady = 10,sticky = E + W)

#在窗口第3行再放置4个样例控件
for j in range(4):
    count += 1
    sample = Label(window,text = '控件' + str(count),bg = 'light green')
    sample.grid(row = 2,column = j,ipadx = 5,ipady = 10,padx = 10,pady = 10)

window.mainloop()
```

程序运行后,界面如图 16-15 所示。

图 16-15 grid 布局管理器示例 2

4)Frame 控件

Frame 控件是屏幕上的一块矩形区域,类似容器,通过将其他控件置于其中来布局窗体。创建 Frame 对象的语句如下:

```
Frame(父窗口)
```

可以在 Frame()方法中选用相应的参数对框架作进一步管理。

【例 16-16】简单框架应用:使用 Frame 控件进行简单布局,布局效果如图 16-16 所示。

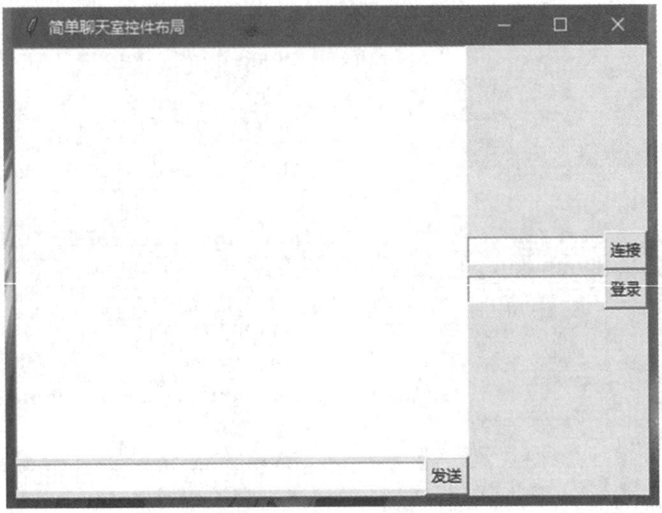

图 16-16 简单聊天室控件布局示例

分析:根据图 16-16 可知,窗口分成左右两部分,故采用左、右两个框架来布局。左框架中的大部分空间设置一个用于信息显示的多行文本框,在其底部放入一个输入信息框和"发送"按钮;右框架中放入一个输入 IP 地址框和"连接"按钮,在其下方放入登录信息输入框和"登录"按钮。参考代码如下:

```
from tkinter import *
window = Tk()
window.title('简单聊天室控件布局')

#创建左、右两个框架
frame_lft = Frame(window)
frame_rgt = Frame(window)
frame_lft.grid(row = 0,column = 0)
frame_rgt.grid(row = 0,column = 1)

#在左框架中创建一信息显示多行文本框
text_msg = Text(frame_lft,width = 49)
text_msg.grid(row = 0,column = 0,columnspan = 2,sticky = W + N + S + E)

#在左框架中创建一输入信息框和"发送"按钮
entry_msg = Entry(frame_lft,width = 46)
entry_msg.grid(row = 1,column = 0)

button_snd = Button(frame_lft,height = 1,text = '发送')
button_snd.grid(row = 1,column = 1)
```

```
#在右框架中创建 IP 地址框和"连接"按钮
entry_IP = Entry(frame_rgt,width = 15)
entry_IP.grid(row = 0,column = 0)
button_IP = Button(frame_rgt,text = '连接')
button_IP.grid(row = 0,column = 1)

#在右框架中创建登录信息输入框和"登录"按钮
entry_login = Entry(frame_rgt,width = 15)
entry_login.grid(row = 1,column = 0)

button_login = Button(frame_rgt,text = '登录')
button_login.grid(row = 1,column = 1)

window.mainloop()
```

16.3 实验内容

1. 动态标签

创建包含一个标签和两个按钮的图形界面程序(sy16-1. py)。单击第一个按钮时在标签中显示“你好!”,单击第二个按钮时在标签中显示“祝你成功!”(见图 16-17)。

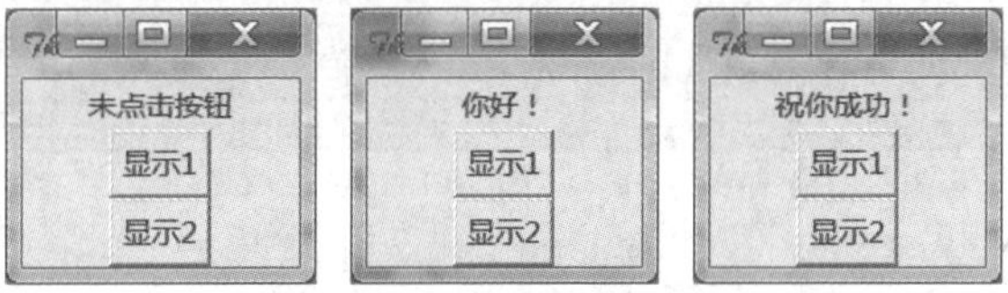

图 16-17 动态标签示例

要在同一标签中动态显示文本,可利用 Label 对象的 config()方法实现。补充下面程序中的缺失部分。

```
from tkinter import *

#定义按钮对应的回调函数
def show1():
    lbl1.config(None,______________)
def show2():
    lbl1.config(None ,text = "祝你成功!")

root = ______________
#创建标签和按钮
lbl1 = Label(______________,text = '未单击按钮',width = 20)
lbl1.grid()
```

```
btn1 = Button(root,text = '显示 1',command = ____________)
btn1.grid()
btn2 = Button(root,text = '显示 2',command = ____________)
btn2.grid()
root.mainloop( )
```

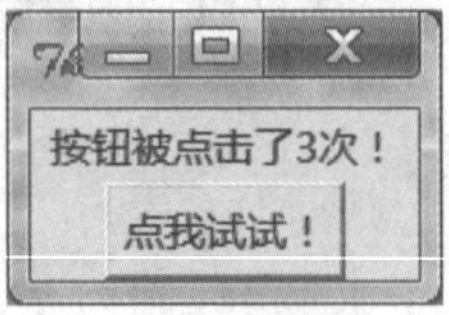

图 16-18　标签和按钮示例

2. 标签和按钮

创建一个图形界面程序(sy16-2. py),该界面包含一个标签和一个按钮,单击按钮后,标签显示单击次数(见图 16-18)。

根据题意,按钮对应的回调函数应能统计单击次数,故需使用全局变量来处理,同时为了显示最新的单击次数,需动态刷新标签。补充下面程序中的缺失部分。

```
from tkinter import  *

count = ____________                  #count 用于记录单击次数
#定义按钮的回调函数 show()
def  show():
    global count
    count = ____________
    #动态刷新标签
    lbl1.config(None,text = "按钮被单击了" + ____________ + "次!")

root = Tk()
lbl1 = ____________(root,text = '未单击按钮',width = 20)
lbl1.grid()
btn = Button(root,text = '点我试试！ ',____________ = show)
btn.grid()
root.mainloop( )
```

3. 加法运算器

编程实现简单的加法运算器(sy16-3. py),界面如图 16-19 所示。该界面包含三个文本框(被加数文本框、加数文本框和结果文本框)、两个标签(加号标签和等号标签)及一个按钮(“计算”按钮),在被加数和加数文本框中输入整数后,单击“计算”按钮,在结果文本框中显示计算结果。

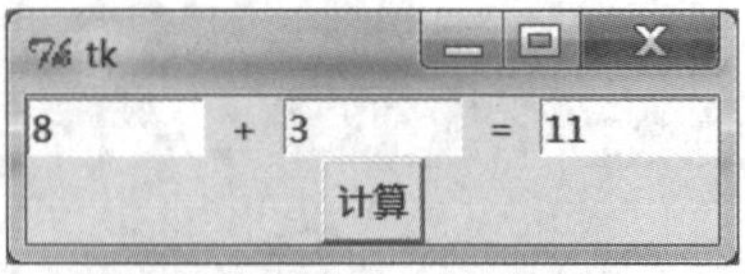

图 16-19　加法运算器

为了使多个控件能在窗体中合理布局,可使用 grid 布局管理器,这样较为灵活、方便。请补充下面程序中的缺失部分。

```
from tkinter import *

#定义"计算"按钮对应的回调函数 calc()
def ______________:
    num1 = int(entry1.get())
    num2 = int(______________)
    num3 = num1 + num2
    entry3.delete(0,END)
    entry3.insert(0,num3)

root = Tk()

#创建三个文本框和两个标签
entry1 = Entry(root,width = 8)
entry2 = Entry(root,width = 8)
entry3 = Entry(root,width = 8)
lbl1 = Label(root,text = " + ",width = 3)
lbl2 = Label(root,text = " = ",width = 3)

#将三个文本框和两个标签置入窗口中
entry1.grid()
lbl1.grid(______________,column = 1)
entry2.grid(row = 0,______________)
lbl2.grid(row = 0,column = 3)
entry3.grid(row = 0,column = 4)

#创建"计算"按钮
btn = Button(root,text = "计算",command = calc)
btn.______________(column = 2)

root.mainloop()
```

4. 星期的中英文对照

编写一个图形界面程序(sy16-4.py),该界面包含两个文本框和一个按钮,在第一个文本框中输入一个整数(1～7)后,单击按钮,在第二个文本框中显示星期对应的英语(见图 16-20)。

5. 简单计算器

编程实现一个简单计算器(sy16-5.py),界面如图 16-21 所示。单击第 2 行的＋、－、*、/和 ** 按钮时,程序对输入的两个整数进行相应的运算,运算结果显示在结果文本框中,同时将左侧两个文本框之间的标签更新为所单击按钮对应的运算符号。

图 16-20　星期的中英文对照

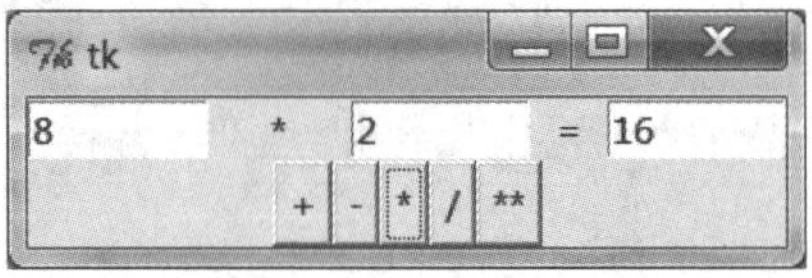

图 16-21　简单计算器

6. 简单文本编辑器

利用单选按钮、复选框和多行文本框，编写一个简单文本编辑器(sy16-6. py)，界面如图 16-22 所示。选中下方的单选按钮(设置颜色)和勾选复选框(设置粗体、斜体)时，文本以选中的格式显示。

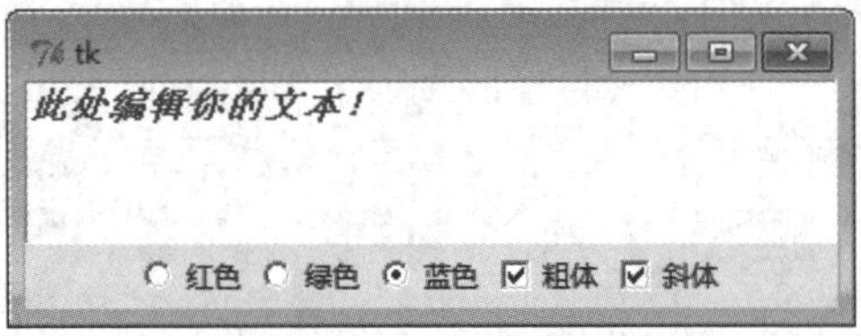

图 16-22　简单文本编辑器

7. 跟踪鼠标指针位置的图形界面程序

编写一个跟踪鼠标指针位置的图形界面程序(sy16-7. py)，单击时在鼠标指针所处位置绘制一个十字(见图 16-23)，同时在窗口上方显示鼠标指针所在位置的坐标，双击时擦除所有的内容。

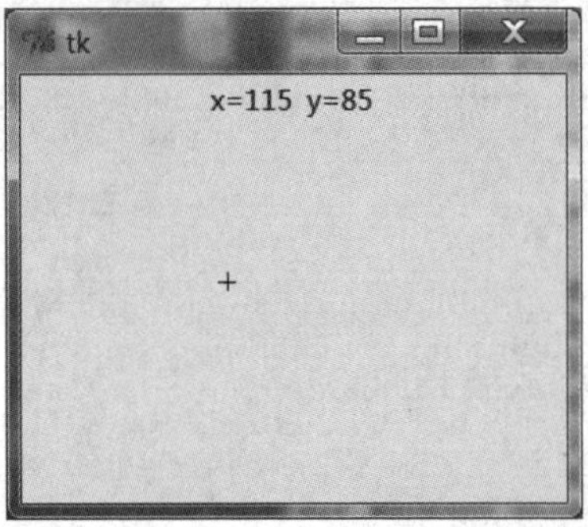

图 16-23　跟踪鼠标指针位置的图形界面程序

8. 菜单制作(选做)

编写程序(sy16-8. py)，在窗口中添加菜单栏，在菜单栏中添加菜单，并添加下拉菜单，通过选择菜单项可以执行不同的操作(菜单栏、菜单和菜单项自拟)。

实验 17

数据的爬取和分析

学习目标

(1)了解和掌握网页的结构和原理,了解 HTML 常用标记。

(2)掌握 urllib. request 模块的用法。

(3)掌握使用 BeautifulSoup 模块爬取网页的方法。

随着互联网技术的迅速发展,万维网(world wide web,WWW)成为大量信息的载体,如何有效地提取并利用这些信息成为一个巨大的挑战。传统搜索引擎无法满足用户的个性需求,也无法自动过滤和处理检索结果。网络爬虫则成为解决上述问题的钥匙,它是一种按照一定的规则,自动抓取万维网信息的程序或者脚本。在爬取网页的过程中,正则表达式的运用,能够有效地匹配或过滤要查找的信息,提高数据获取的准确率和效率。

本实验先通过实验范例的介绍,让学生了解 HTML 网页文件的结构和主要标签;通过编写爬虫程序从网页中爬取需要的内容或数据;最后通过综合实例完成真实网站中有价值数据的爬取和分析。

17.1 HTML 文件的读取与分析

本节的任务在 IDLE Shell 窗口中完成,素材文件请先存放在一个固定的目录下,例如,保存在 C:\sample 目录下,文件名使用绝对路径描述。

1. HTML 文件的结构

超文本标记语言(hypertext markup language,HTML)用来描述万维网上的超文本文件。从文件的角度来说,一个网页就是一个 HTML 文件。严格地说,HTML 不是一种编程语言,而是一种固定格式的超文本标记语言,其独立于平台、浏览器,能在任何平台上阅读。以 HTML 编写的文档称为 HTML 文件,通常以. htm 或. html 为扩展名。

HTML 作为一种标记语言,其基本语法是在文本文档中嵌入一些标签(tag),用以控制文本显示的外观。HTML 标签本身并不在浏览器中显示,它用于提示浏览器如何处理包含在标签之间或在标签之后的文本。

HTML 的标签需要符合以下规则。

①标签由英文尖括号“<”和“>”括起来。

②HTML 的标签一般成对出现,分为开始标签和结束标签,结束标签比开始标签多了一个斜杠“/”。少数标签可单独使用,称为单标签。

③标签与标签可以嵌套。

④标签不区分大小写,习惯上同一标签要么全部大写,要么全部小写。

HTML 标签有很多种类型。

1)与文件结构相关的标签

①<html>:表示文件的内容是用 HTML 实现的。网页中的所有文本与其他标签都包含在这对标签中。

②<head>:头部标签,包含文档的元数据(用来定义数据的结构,通常用 meta 标签表示),如<meta charset="utf-8">定义当前网页的编码格式为 utf-8。标题等标签也包括在头部标签中。

③<title>:标题标签,夹在标签中的标题内容通常显示在浏览器的左上角。

④<body>:主体标签,定义文档的主体,即网页可见的页面内容。

2)HTML 标题

标题是通过<h1>～<h6>标签定义的,其中,<h1>标题的字号最大,<h6>标题的字号最小。

3)HTML 段落

段落是通过 <p> 标签定义的。如<p>这是一个段落</p>。

注意:浏览器会自动在段落的前后添加空行。一般情况下,即使省略结束标签</p>也能正常显示段落。

4)HTML 换行

如果只需要换行(新起一行),可使用
标签(或
)。该标签被定义为一个换行符,只换行,不分段。
 是单标签。

5)HTML 文本格式化标签

HTML 中定义了一些格式化文本的标签,可以直接使用。如<b>对应加粗(bold),而<i>对应倾斜(italic)。还有一类标签称为逻辑标签,如<strong> 和 <em>,这类标签用于指示浏览器突出显示标签包含的文本,具体如何显示标签包含的文本由浏览器自行决定。通常可用标签<strong>替换加粗标签<b>,用<em>标签替换<i>标签。

6)HTML 链接

HTML 使用链接与网络上的另一个页面(文档)相连。几乎所有的网页都有链接,单击链接可以从一个页面跳转到另一个页面。

链接的格式如下:

```
<a href = "链接对象"  target = "目标">链接的例子</a>
```

HTML 使用标签<a>来设置链接,标签<a>有一些属性,如 href 属性用于描述链接的地址,即单击后要跳转的网页的 URL 地址。target 属性指定要跳转的文档是在原网页所在的窗口打开还是在新窗口打开。默认在原窗口中打开,如设置 target="_blank",则在一个新的浏览器窗口中打开。链接可以是文字,也可以是图像或图像的一部分,单击后可跳转到新的网页或者当前网页中的某个部分。

7)HTML 图像

HTML 图像是通过 <img> 标签定义的，其格式如下：

```
<img src="图像对应 URL 或图像文件"  height=#  width=#  align=#>
```

这里<img>标签有一些属性：src 属性指定图像所在的 URL，如果图像就在网页所在的服务器上，则可给出图像文件存放的文件路径；height 与 width 属性分别用于设置图像在网页中显示时的高度与宽度；align 属性设置图片的对齐方式，有 left(左对齐)、right(右对齐)、top(顶部对齐)、middle(居中对齐)和 bottom(底部对齐)几种。一些浏览器还支持 center(居中对齐)方式。

8)HTML 表格

HTML 表格是通过<table>标签定义的。每个表格有若干行(由<tr>标签定义)，每行被分割为若干单元格，单元格有两类，<td>表示数据单元格，<th>表示标题单元格。

9)HTML 列表

HTML 支持有序、无序两类常用的列表。

①无序列表：无序列表是一个项目的列表，此列项目使用粗体圆点(典型的小黑圆圈)标记。无序列表始于 <ul> 标签。每个列表项始于 <li>标签。

②有序列表：有序列表也是一个项目的列表，此列项目使用数字标记。有序列表始于 <ol> 标签。每个列表项始于 <li> 标签。

10)HTML 表单

HTML 表单用于收集不同类型的用户输入。表单是一个包含表单元素的区域。表单元素是一些图形控件，这些控件允许用户在表单中输入内容，比如文本框(text)、文本域(textarea)、下拉列表(select)、单选框(radio)、复选框(checkbox)等。

表单使用表单标签 <form> 设置。

11)HTML 样式 CSS

串联样式表(cascading style sheet，CSS)定义如何显示 HTML 元素，用于控制网页的外观。当浏览器读到一个 CSS，它就会按照这个 CSS 对文档进行格式化。如一些文字的字体、颜色和大小，常用 CSS 定义。

通过使用 CSS 实现页面的内容与表现形式分离，极大提高了工作效率。CSS 通常放在 HTML 文件<head>部分或存储在外部 CSS 文件中。作为网页标准化设计的趋势，CSS 获得了浏览器厂商的广泛支持，正越来越多地被应用到网页设计中。

目前新标准的网页，通常采用 HTML + CSS + JavaScript 模式。其中，HTML 是网页的结构，CSS 是网页的样式，JavaScript 是行为。就像盖房子，先用 HTML 搭出结构，再用 CSS 进行装饰。

HTML 的标签还有不少，有兴趣进一步了解的读者可参考万维网联盟(world wide web consortium，W3C)官方提供的 HTML 教程，网址为 https://www.w3cschool.cn/html/。

图 17-1 所示是一个 HTML 文件的示例 sample1.htm，其内容如图 17-2 所示。

在 sample1.htm 文件中，如果除去分段、换行之类的只涉及段落或行格式调整的 HTML 标签，则由各标签形成的层次结构如图 17-3 所示。

```
<html>
<head>
<meta http-equiv="Content-Type" content="text/html;charset=utf-8">
<title>第一章</title>
</head>
<body>
<center>
<h2>第一章 Java概述</h2>
<p>本章主要内容</p>
<br />
<br />
<table border=0 width=70% cellpadding=5>
<ul>
<tr><td align=left><li><a href="stage01.htm">第一节 Java的产生和特点</a></li></td></tr>
<tr><td align=left><li><a href="stage02.htm">第二节 Java的开发和执行环境</li></a></td></tr>
<tr><td align=left><li><a href="stage03.htm">第三节 Java虚拟机JVM</li></a></td></tr>
<tr><td align=left><li><a href="stage04.htm">第四节 一个Java Application和Java Applet例子
</a></li></td></tr>
</ul>
</table>
</center>
</body>
</html>
```

图 17-1 sample1. htm 文件内容

图 17-2 sample1. htm 文件在浏览器显示画面

2. 使用 BeautifulSoup 模块读取和解析 HTML 文件的标签内容

BeautifulSoup 模块通过定位 HTML 标签来格式化和组织复杂的网络信息，为网络信息采集和处理提供了很多方便。使用 BeautifulSoup 模块，不仅可以读取网站上的网页，也能读取和分析本地的 HTML 文件。

BeautifulSoup 模块不是 Python 的标准库，因此需要单独安装。安装命令如下：

```
pip install beautifulsoup4
```

使用 BeautifulSoup 模块处理网页时，可直接定位到某一层的标签，只要定位标签时没有歧义即可。例如，对 sample1. htm 使用 bs. a 可直接定位第 8 层的<a>标签。

(1)使用 BeautifulSoup 模块读入本地的 HTML 文件(如 C:\sample\sample1. htm)，解析后打印<title>标签的内容。

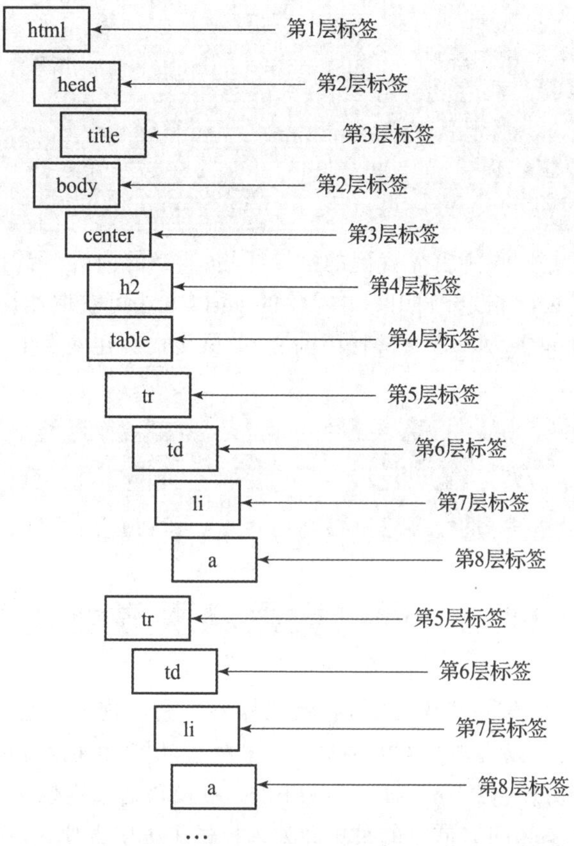

图 17-3　sample1. htm 文件中由标签形成的层次结构

```
#FL17-1-1.py
from bs4 import BeautifulSoup

f = open("C:\\sample\\sample1.htm",encoding = "utf-8")
bs = BeautifulSoup(f.read(),'html.parser')
title = bs.title
print("标题:",title)
f.close()
```

打开 sample1. htm 文件时使用了 encoding 参数，指定要打开的文件编码格式，这里是 utf-8。如果文件的打开格式不对，用 BeautifulSoup 模块解析时可能会报 UnicodeDecodeError 异常。

运行结果如下：

```
标题:<title>第一章</title>
```

(2)使用 BeautifulSoup 模块读入本地的 HTML 文件(如 C:\sample\sample1. htm)，解析后打印第一个链接的内容及链接对应的 URL。

```
#FL17-1-2.py
from bs4 import BeautifulSoup
```

```
f = open("C:\\sample\\sample1.htm",encoding = "utf-8")
bs = BeautifulSoup(f.read(),'html.parser')
print("完整链接:",bs.a)
print("链接的 URL:",bs.a.get("href"))
print("链接的文本内容:",bs.a.get_text())
f.close()
```

这里,bs.a 对应的是网页中首先找到的链接标签<a>的内容。链接对应的跳转 URL 地址由标签<a>的属性 href 指定,调用标签对象的 get()方法可获取相应的属性值。调用标签对象的 get_text()方法可获取包含在链接中的文本,该文本会在网页上显示。

运行结果如下:

```
完整链接:<a href = "stage01.htm">第一节 Java 的产生和特点</a>
链接的 URL:stage01.htm
链接的文本内容:第一节 Java 的产生和特点
```

17.2 网站数据爬取与处理

万维网已成为大量信息的载体,如何有效地提取并利用这些信息成为一个巨大的挑战。Python 的 request 模块可以实现基本的网页访问和处理功能,该模块包含在标准库中,不需要额外下载,使用也相当方便。Python 的 BeautifulSoup 模块通过定位 HTML 标签来格式化和组织复杂的网络信息,也为网络信息的采集和处理提供了很多方便。

1. 万维网的工作机制

万维网采用 B/S 模式进行通信。B/S 模式的工作原理如图 17-4 所示,这里 B(browser)指用户机器上的浏览器,S(server)指存放网页的 Web 服务器。从网络通信的角度看,提供服务的一方称为服务器端,而接受服务的一方称为客户端。浏览器请求并接受 Web 服务器的服务,可看成是客户端;而 Web 服务器则是服务器端。

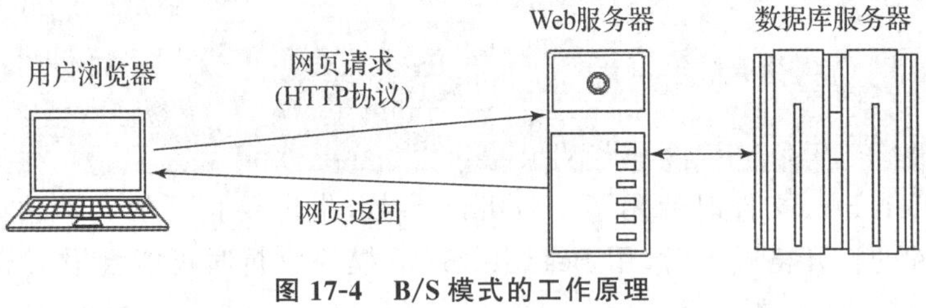

图 17-4　B/S 模式的工作原理

下面以用户张三访问百度网站为例。张三首先在计算机上打开浏览器(如 Edge、Google Chrome、Firefox 等),在浏览器的地址栏输入百度网站首页的网址(https://www.baidu.com/),这时,浏览器会通过网络向百度服务器发起一个请求,请求百度网站的首页文件(一般为 index.html)。百度服务器收到这个请求后,接受请求,并根据请求返回相应的文件作为应答;浏览器收到文件后,解析该网页文件并显示给用户,同时关闭与百度服务器的连接。这时用户张三就看到了期望的百度网站首页。

由于网络通信非常复杂,通信双方必须遵守一定的规则才能保证通信有条不紊地进行,这些规则称为协议。为了让复杂的问题简单化，我们不倾向于写一个非常庞大的协议来完成所有功能，而是将协议分层，每一层完成特定的功能，网络的层与层相对独立，位于低层的协议向高层的协议提供支持。浏览器请求文档一般使用的是超文本传送协议（hypertext transfer protocol，HTTP），它通常运行在传输控制协议（transmission control protocol，TCP，该协议位于传输层，是因特网的核心协议之一）之上，指定了客户端可能发送给服务器什么样的消息及得到什么样的响应。请求和响应消息的头以 ASCII 码形式给出；而消息内容则具有一个类似多用途互联网邮件扩展（multipurpose internet mail extensions，MIME，是当前广泛应用的一种电子邮件技术规范）的格式。

HTTP 是基于 B/S 模式且面向连接的。典型的 HTTP 事务处理有如下过程：

(1)客户与服务器建立连接；

(2)客户向服务器发出请求；

(3)服务器接受请求，并根据请求返回相应的文件作为应答；

(4)客户与服务器关闭连接。

如果使用浏览器，那么与服务器的交互过程完全由浏览器承担，它创建信息的数据包并发送，然后把获取的数据解析成图像、声音、视频和文字。

2. request 模块与 requests 库

为了处理与网络相关的数据，Python 标准库中提供了 urllib 库。该库包含 urllib.request、urllib.parse 和 urllib.error 等子模块，子模块中包含了许多函数，能够处理网络请求数据、处理 cookies 等，甚至能改变像请求头和用户代理这些元数据。

一个使用 urllib.request 的 Python 程序，能够输出指定网站中某一网页的全部代码（该网页的 URL 假设为 http://something.com.cn/pages/page1.html，实际运行时应该用真实的网址替代它）。

【例 17-1】使用 urllib.request 模块的 urlopen()方法打开网页。

```
from urllib.request import urlopen

html = urlopen('http://something.com.cn/pages/page1.html')  #参数是虚拟的网址
print(html.read())
```

urllib.request 模块的 urlopen()方法用来打开并读取一个从网络获取的远程对象。urlopen()方法如果打开的是一个采用 HTTP 或 HTTPS 协议的 URL，则返回一个 http.client.HTTPResponse 对象，用该对象的 read()方法可以返回服务器响应文件的正文（通常是一个 HTML文件）。

但是有的网站进行了反爬虫设置，上述代码可能会返回一个 40×之类的响应码，因为该网站识别出了是爬虫在访问网站，所以拒绝返回网页。这时可让爬虫模拟个人用户行为，即通过给爬虫设置 headers(User-Agent)属性，模拟浏览器访问网站。

【例 17-2】给爬虫设置 headers(User-Agent)属性来模拟浏览器的行为。

```
import urllib.request
url = ' http://something.com.cn/pages/page1.html '
headers = {'User-Agent': 'Mozilla/5.0 (Windows NT 10.0; Win64; x64)\
        AppleWebKit/537.36 (KHTML,like Gecko) Chrome/65.0.3325.146 Safari/537.36'}
```

```
request = urllib.request.Request(url = url,headers = headers)
res = urllib.request.urlopen(request)
page_source = res.read().decode('utf-8')
print(page_source)
```

这里的 headers 模拟某个浏览器(如 Google Chrome)向网站服务器发送 HTTP 请求头中的浏览器身份标识字符串，即浏览器的用户代理(User-Agent)信息，该信息一般可以通过在当前浏览器网页中输入 about://version(Google Chrome 浏览器为 chrome://version/)得到。程序通过 urlopen()方法获取网站服务器返回的响应页面对应的 HTTPResponse 对象，通过该对象的 read()方法获得网页对应的 bytes 类型的数据流，再按 utf-8 编码格式用 decode()方法进行解码(假设网页对应的字符编码为 utf-8，该编码由网页代码中的 charset 属性设定，其他常用编码还有 GB2312、GBK、英文的 ISO-8859-1 等)，最后转换成字符串类型的网页内容(HTML 代码)在屏幕上打印。

除了使用 Python 标准库中的 urllib.request 模块，还可使用第三方的 requests 库实现网页爬取。该库基于 urllib 库，采用 Apache2 Licensed 开源协议的 HTTP 库，提供了丰富且易于调用的方法来实现 HTTP 相关方式的模拟，可以完成绝大部分与 HTTP 应用相关的工作，功能比 urllib.request 模块更强，擅长处理那些复杂的 HTTP 请求、cookies、header(响应头和请求头)等内容。

requests 库需要额外安装。一般可用 pip 安装，命令如下：

```
pip install requests
```

requests 库主要提供如下 4 种请求方法。

①get：向特定的资源发出请求。

②head：只请求页面的首部(报头)。

③post：向指定资源提交数据来处理请求(例如提交表单或者上传文件)。数据被包含在请求体中。

④put：从客户端向服务器传送数据来取代指定文档的内容。

请求网页时常用的是 get()和 post()方法。get()方法将提交的数据放置在 HTTP 请求协议头中，大多数网页访问方式都是使用 get()方法设置的，可以在浏览器的 URL 栏看到浏览器向网站传递的参数，即附在网址后以问号开始的键值对，类似

```
http://网址？参数名 1 = 参数值 1&参数名 2 = 参数值 2&…
```

而 post()方法提交的数据则放在实体数据中，通常用于表单数据的提交。

【例 17-3】使用 requests 库爬取网页。

```
import requests
url = "http://something.com.cn/pages/page1.html" #虚拟网址
response = requests.get(url)
print(response.text)
```

仅用这几行简单的代码就能将指定网页中的内容(HTML 代码)打印出来。程序中的 URL 为虚拟网址，实际运行时应该用真实的网址替代。

3. 网站数据爬取实验范例

1)实验背景

豆瓣(Douban)是一个社区网站,该网站提供关于书籍、电影、音乐等作品的信息,其作品描述和评论都是由用户提供的。豆瓣还为网站用户提供书影音推荐、线下同城活动、小组话题交流等多种服务功能。

豆瓣中有根据网站用户评分得到的电影排行榜信息,如图 17-5 所示,列出了排名前 250 位的电影的相关信息,包括电影的中文名称、英文名称、导演、主演、评分、评论数等信息,其对应的网址为 https://movie.douban.com/top250? format=text。

图 17-5 豆瓣电影 Top 250 页面

实验目的是爬取该网页中用户评分排名前 10 位的电影信息。

2)网页结构分析

在得到一个网页后,通常需要结合浏览器对其进行元素分析。如前面给出的豆瓣电影 Top 250 网页,先启动浏览器(这里以 Google Chrome 浏览器为例),在浏览器的地址栏中输入前面给出的网址,即可看到网站内容。右击第一部电影(如《肖申克的救赎》),在弹出的快捷菜单中选择“检查”命令,得到如图 17-6 所示的内容。

从图 17-6 中可以看到,最外层的标签对是<div class="article"></div>,这里<div>可以定义文档中的分区或节(division/section)。<div>标签可以把文档分隔为独立的、不同的部分。内层的<ol>标签定义的是有序列表,列表中的每一项由<li></li>标签对组成,如这里电影《肖申克的救赎》的相关信息就嵌入在<li></li>标签对中。除电影图片外,具体的电影信息包含在<div class="info"></div>标签对中,可单击<div>标签前面的右三角形图标展开(见图 17-7)。

从图 17-7 中可以看到一些关键的页面结构信息。如每部电影信息是包含在<li></li>标签对中的,里面的第一层元素是<div class="item"></div>。这部电影的所有相关信息都包含在这层结构下。如果只是简单地爬取网页中各电影对应的所有信息，可用 Beautiful-Soup 对象的 find_all()方法，查找所有属性名为 class、属性值为 item 的对象。

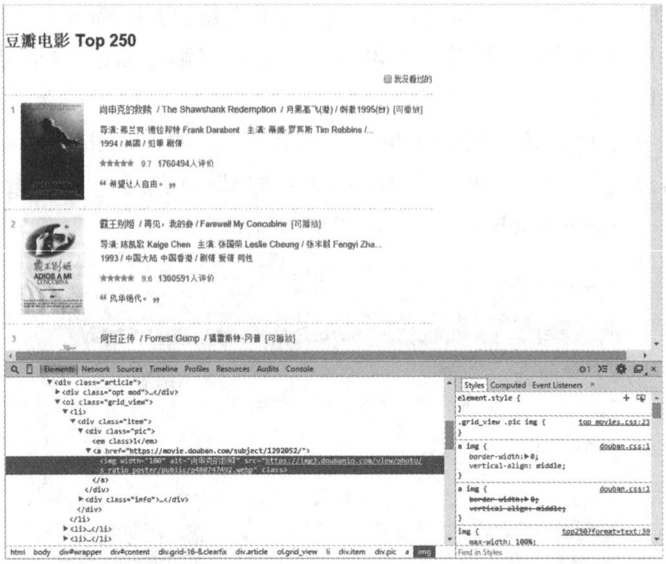

图 17-6 豆瓣电影 Top 250 页面的代码元素示意图

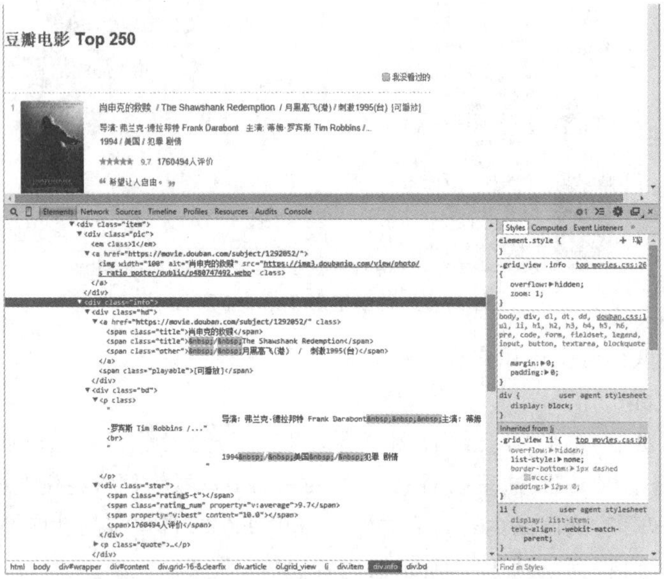

图 17-7 豆瓣电影 Top 250 页面的代码元素展开图

3)代码示例

```
#FL17-2-4.py
import urllib.request
import re
from bs4 import BeautifulSoup

#爬虫函数
```

```
def crawl(url):
    headers = {'User-Agent': 'Mozilla/5.0 (Windows NT 10.0; Win64; x64)\
            AppleWebKit/537.36 (KHTML,like Gecko) Chrome/65.0.3325.146 Safari/537.36'}
    request = urllib.request.Request(url = url,headers = headers)
    res = urllib.request.urlopen(request)
    contents = res.read().decode('utf-8')
    soup = BeautifulSoup(contents,"html.parser")
    print("豆瓣电影 250:序号\t 影片名\t 评分\t 评价人数")
    count = 0
    for tag in soup.find_all(attrs = {"class":"item"}):
        content = tag.get_text()
        content = content.replace('\n',"") #删除多余的换行符
        print(content + '\n')
        count  + = 1
        if count = = 10:
            break

#主函数
url = "https://movie.douban.com/top250? format = text"
crawl(url)
```

这段代码使用了 urllib 库的 request 模块,并用该模块的 urlopen()方法来打开和读取网页。但豆瓣进行了反爬虫设置,直接读取数据会被网站拒绝。所以这段代码通过给爬虫设置 headers (User-Agent)属性,模拟浏览器访问网站。读取网页后,就用 BeautifulSoup 对象的 find_all()方法,查找所有属性名为 class、属性值为 item 的对象,这时会得到网页中所有的电影对象(默认 25 部),由于网页的电影排名是降序的,所以只要输出前 10 个电影的信息,就能满足需求。

17.3 实验内容

要求从豆瓣电影 Top 250 页面爬取排名前 10 位的电影的相关信息,包括序号(排名)、影片中文名、评分和评价人数这几项信息,并将这些信息写入文件“电影 top10. txt”中,该文件的内容如图 17-8 所示。

提示:序号(排名)对应标签<class="item">下的子标签<em>。若标签<class="item">对应的对象为 tag,可以用 tag. em. get_text()方法得到序号,也可以用 tag. find('em'). get_text()方法获得。电影的中英文名称对应的属性名为 class,属性值为 title,可用 title=tag. find_all (attrs={"class":"title"})得到标题对象的集合,如果只需要中文标题,第一个元素 title[0]就是,再调用 get_text()方法得到其内容。评分和评价人数信息均包含在属性名为 class、属性值为 star 的区块中,可一并取出并用 get_text()方法得到对应的文本。评分和评价人数信息之间默认用换行符分隔,可以用 Tab 键替换。

请思考:

(1)如何获取每部电影的链接?

(2)如何通过电影链接跳转到电影详情页面并爬取电影的剧情简介?

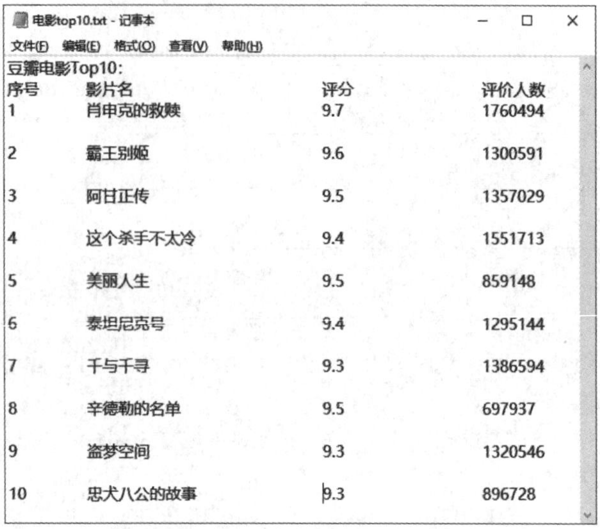

豆瓣电影Top10:

序号	影片名	评分	评价人数
1	肖申克的救赎	9.7	1760494
2	霸王别姬	9.6	1300591
3	阿甘正传	9.5	1357029
4	这个杀手不太冷	9.4	1551713
5	美丽人生	9.5	859148
6	泰坦尼克号	9.4	1295144
7	千与千寻	9.3	1386594
8	辛德勒的名单	9.5	697937
9	盗梦空间	9.3	1320546
10	忠犬八公的故事	9.3	896728

图 17-8 “电影 top10. txt”文件的内容